LEÇONS D'ASTRONOMIE PHYSIQUE,

OU

COSMOGRAPHIE ÉLÉMENTAIRE,

A L'USAGE

DES COLLÉGES, DES PENSIONS ET DES ÉCOLES NORMALES PRIMAIRES;

PAR L.-J. GEORGE,

SECRÉTAIRE DE L'ACADÉMIE DE BESANÇON,

ANCIEN PRINCIPAL ET PROFESSEUR DE SCIENCES MATHÉMATIQUES ET PHYSIQUES EN L'UNIVERSITÉ ET AUX COURS PUBLICS INDUSTRIELS DE NANCY, MEMBRE DES ACADÉMIES ROYALES DES SCIENCES, LETTRES ET ARTS DE NANCY, MARSEILLE, BESANÇON, AMIENS, ÉPINAL, TURIN (*Savoie*), ET DE L'INSTITUT HISTORIQUE DE FRANCE.

Troisième édition.

PARIS,

BELLOYE, PLACE DE LA BOURSE; HACHETTE, RUE PIERRE-SARRAZIN 12.

BESANÇON, CHEZ BINTOT, LIBRAIRE.

NANCY, CHEZ MM. DARD, CONTY, GRIMBLOT ET VINCENOT.

DIJON, POPELAIN, LIBRAIRE. TOUL, CHEZ Ve BASTIEN, LIBRAIRE.

1838.

LEÇONS
D'ASTRONOMIE PHYSIQUE,

OU

COSMOGRAPHIE ÉLÉMENTAIRE,

A L'USAGE

DES COLLÉGES, DES PENSIONS ET DES ÉCOLES NORMALES PRIMAIRES;

PAR L.-J. GEORGE,

SECRÉTAIRE DE L'ACADÉMIE DE BESANÇON,

ANCIEN PRINCIPAL ET PROFESSEUR DE SCIENCES MATHÉMATIQUES ET PHYSIQUES EN L'UNIVERSITÉ ET AUX COURS PUBLICS INDUSTRIELS DE NANCY, MEMBRES DES ACADÉMIES ROYALES DES SCIENCES, LETTRES ET ARTS DE NANCY, MARSEILLE, BESANÇON, AMIENS, ÉPINAL, TURIN (Savoie), ET DE L'INSTITUT HISTORIQUE DE FRANCE.

Troisième édition.

PARIS,

DELLOYE, PLACE DE LA BOURSE; HACHETTE, RUE PIERRE-SARRAZIN 12.

BESANÇON, CHEZ BINTOT, LIBRAIRE.

NANCY, CHEZ MM. DARD, CONTY, GRIMBLOT ET VINCENOT.

DIJON, POPELAIN, LIBRAIRE. TOUL, CHEZ Ve BASTIEN, LIBRAIRE.

1838.

OUVRAGES DE M. L.-J. GEORGE.

1° *Ouvrages adoptés par le Conseil royal de l'instruction publique pour l'enseignement dans les Colléges de l'Université.*

1° Cours d'arithmétique théorique et pratique, comprenant tout ce qu'il faut savoir de cette science pour l'admission aux Écoles Royales Polytechnique, Forestière, de St-Cyr et de la Marine, pour soutenir les examens du Baccalauréat-ès-lettres et ès-sciences, et obtenir les brevets de capacité élémentaires et supérieures, à l'usage des Colléges, des Pensions, et des Écoles normales primaires; 12e *édition*, in-8°, (Pour paraître en mars 1839). Prix.. 3 fr.

2° Élémens d'Algèbre, renfermant tout ce qui est exigé de cette Science pour l'admission aux Écoles royales de St-Cyr, de la Marine et Forestière, et pour le Baccalauréat ès-lettres; *destinés* aux divers établissemens d'instruction secondaire; aux Écoles Normales et aux Écoles supérieures primaires; 5e *édition*, in-8°. Prix........................ 3 fr. 75

2° *Sciences Mathématiques.*

1° Arithmétique des écoles primaires en 22 leçons; 5e *édition*, in-8°. Prix.. 1 fr.

2° Arithmétique des écoles normales primaires, rédigée sur le programme officiel, arrêté en Conseil royal, le 26 octobre 1838. Un vol. in-8° (Pour paraître fin de mai 1839).

3° Cours de géométrie pratique, à l'usage des Cours industriels, des Écoles Normales et Modèles primaires, des Colléges, etc. 9e *édition*, 1838. Prix.. 3 fr 75 c.

4° Leçons de Dessin linéaire et de Lavis, 5e *édition*, fig. noires. fig. coloriées avec soin. (Sous presse)........................

5° Art de lever les plans; 6e *édition*, in-8° Prix...... 1 fr 50 c,

6° Recueil de problèmes numérico-algébriques, relatifs aux équations des deux premiers degrés; ouvrages servant d'application aux élémens d'Algèbre; *nouvelle édition*, (Paraîtra en juin 1839). Prix....... 3 fr.

3° *Sciences physiques.*

1° Cours de physique générale, appliquée aux Arts et à l'industrie, 4e *édition*, augmentée (1838), 1 vol. in-8°. Prix.......... 3 fr. 50 c.

2° Leçons d'astronomie physique ou cosmographie élémentaire, à l'usage des Colléges, des Pensions et des Écoles primaires; 3e *édition*, in-8° (1838). Prix.................................... 3 fr. 50 c.

3° Traité de Sphère, 3e *édition*, avec figures......... 1 fr. 50 c

4° Notions élémentaires de physique, rédigées suivant le programme adopté par l'Université pour l'enseignement de cette science dans les écoles normales primaires, in-8° (1838). Prix........................ 2 fr.

5° Notions élémentaires de mécanique, rédigées suivant le programme adopté pour les mêmes écoles; 1 vol. in-8°. (1838). Prix.... 1 fr. 50

Nota. Ces deux derniers ouvrages sont aussi utiles aux Commissions d'examens, aux Écoles modèles et aux Écoles supérieures primaires.

NANCY, IMPRIMERIE DE L. VINCENOT, GRANDE-RUE (VILLE-VIEILLE), 11.

Ces leçons d'Astronomie physique forment un Cours de Cosmographie élémentaire analogue à celui que qu'on enseigne dans tous les colléges de l'Université. Les deux premières leçons comprennent l'histoire des découvertes progressives et les principes de la Science. Les quatre suivantes présentent le système du Monde, d'après le célèbre Laplace, suivi de l'examen du danger de la rencontre des comètes avec la Terre et des présages qu'on tirait jadis de leur apparition. La septième, la huitème et la neuvième traitent des principaux phénomènes célestes dus aux mouvemens réels et apparens des astres, auxquels se rapportent les phases de la Lune, les Éclipses, et tout ce que l'histoire nous apprend de la terreur que celles-ci causaient autrefois. La dixième donne la description de la Sphère céleste. L'explication des constellations du Zodiaque, la figure de la Terre et des parties de sa surface, les diverses positions de la Sphère, l'inégalité des jours et des nuits, la variété des saisons et les crépuscules sont l'objet des onzième, douzieme, treizième et quatorzième Leçons. La quinzième explique les réfractions atmosphériques et les phénomènes qu'elles produisent, connus sous le nom de Lune horizontale, de Mirage et de la *Fata-Morgana* qui n'est qu'un effet plus ou moins imposant de ce dernier. Les cinq autres parlent de la Lumière zodiacale, des Aérolithes, du flux et reflux de la Mer, du Temps et de sa mesure, du Calendrier romain, des Cycles, des Ères et des Époques. Les vingt-unième et vingt-deuxième apprennent à déterminer les longitudes géographiques, à connaître les principales étoiles, à tracer une méridienne, à se former une idée du Globe céleste et de ses usages. La vingt-troisième embrasse toutes les rêveries de l'Astrologie, où se trouvent des citations utiles contre l'imposture des astrologues et des charlatans. La vingt-quatrième renferme la solution des problèmes les plus importants de la Géographie. La vingt-cinquième donne des notions de Gnomonique, à l'aide desquelles on peut tracer facilement les cadrans solaires le plus généralement employés. Enfin, quelques définitions, un supplément au catalogue des étoiles, et une note sur les dimensions de la Terre, du Soleil et de la Lune, terminent l'ouvrage.

ERRATA.

Page	ligne	au lieu de	lisez
30	9	(94)	(95)
31	15	29 j 17 h 44′ 31″	29 j 12 h 44′ 31″.
37	20	fig. 8	fig. 7
57	15	23° 20′	23° 28′.
96	26	733	753.
97	11	(343)	(299).
127	38	*bnc*	*anc.*

Nota. Tout nombre mis entre deux crochets renvoie au Numéro qui renferme le principe ou l'objet sur lequel on appuie ce dont il s'agit.

LEÇONS D'ASTRONOMIE PHYSIQUE.

LEÇON PREMIÈRE.

DE L'ASTRONOMIE.

But de cette science. — Son origine. — Tableau de ses découvertes et de ses progrès successifs, depuis les temps anciens jusqu'à nos jours. — Objet spécial de l'astronomie physique.

1. L'ASTRONOMIE a pour objet de faire connaître tous les corps célestes, de déterminer leur position, leur distance respective, leur forme, leur grandeur, les lois de leurs mouvemens, et d'expliquer les phénomènes qu'ils offrent sans cesse à nos regards.

2. On ne sait pas positivement où l'astronomie a pris naissance. Suivant les traditions de différens peuples, Bélus, roi d'Assyrie, Atlas, souverain de Mauritanie, et Uranus qui régnait chez les Atlantes, passent pour en avoir donné les premières notions. Mais, si l'on en croit le plus grand nombre des auteurs, c'est aux Chaldéens ou Babyloniens qu'on doit rapporter la connaissance des plus anciennes observations astronomiques : elles remontent à 719 ans avant Jésus-Christ, et sont relatives à trois éclipses de lune. Le fameux temple de Bélus à Babylone était leur observatoire.

De la Chaldée, l'astronomie se répandit en Égypte, où elle fut cultivée avec succès. Les Phéniciens l'étudièrent et en firent l'application à la marine: ils réglaient leur route sur une des étoiles de la petite Ourse qui paraît constamment rester à la même place ; ils ne naviguèrent d'abord que le long des côtes, n'osant s'exposer en pleine mer.

De l'Égypte elle passa dans la Grèce, plus de 600 ans avant l'ère chrétienne. Thalès, ayant fait un voyage à Memphis pour y étudier l'astronomie, s'instruisit près des prêtres de ce pays, qui étaient les hommes les plus éclairés de l'univers, et rapporta dans sa patrie les connaissances qu'il y avait acquises. Il apprit aux Grecs l'utilité de la petite Ourse dans la navigation, leur enseigna la théorie des mouvemens du soleil et de la lune, la cause des éclipses et les moyens de les prédire. Il annonça celle qui se réalisa l'an 585 avant Jésus-Christ, et qui devint célèbre, parce qu'elle arriva précisément un jour où les Mèdes et les Lydiens allaient livrer bataille : cet évènement, pris pour un avertissement du ciel par leurs rois Cyaxare et Aliathe, déconcerta ceux-ci et les détermina à faire la paix.

Thalès enseigna encore que la Terre est ronde. Il divisa la sphère céleste par cinq cercles parallèles, démontra la cause des phases de la Lune, et mesura assez exactement le diamètre apparent du Soleil.

On doit à Anaximandre, successeur et disciple de Thalès, l'invention du globe terrestre et du gnomon avec lequel il observait les équinoxes et les solstices ; il fit la découverte de l'obliquité de l'écliptique, plaça la terre au centre de l'univers, jugea que la lune empruntait sa lumière du soleil et que ce dernier était plus grand que la terre. L'invention de la sphère armillaire qui représente la division du ciel suivant Thalès, est aussi de ce philosophe.

Anaximène, ayant succédé à Anaximandre dans l'école de Milet, regardait les étoiles fixes comme autant de soleils, autour desquels des planètes faisaient leurs révolutions, sans qu'il nous fût possible de les apercevoir à cause de leur grand éloignement.

Pythagore, comme Anaximandre, disciple de Thalès, obtint de grands succès qui servirent à avancer la science. Il reconnut la rondeur de la terre, l'existence des antipodes, la sphéricité des astres, la cause de la lumière de la lune et celle de ses éclipses, et observa le cours de Vénus et de Mercure. Il fit connaître la première de ces deux planètes, en montrant que c'était l'astre qui précède ou suit le lever ou le coucher du Soleil, et qu'on appelait l'étoile du matin ou du soir. Enfin il découvrit le système du monde qui fut dans la suite renouvelé par Copernic et que personne ne conteste plus ; il enseigna même que les planètes étaient des corps habités comme la terre, que les étoiles sont toutes des soleils, centres d'autres systèmes planétaires, et que les comètes étaient des corps permanens qui circulent autour du soleil, non des météores périssables formés dans l'atmosphère, comme on l'a cru depuis.

Après la mort de Pythagore, l'étude de l'astronomie fut négligée ; la plupart des observations célestes qu'on avait apportées de Babylone se perdirent, et Ptolomée qui en fit la recherche, n'en put recouvrer de son temps qu'une très-petite partie. Cependant quelques disciples de Pythagore continuèrent de la cultiver : entre ces disciples, Aristarque de Samos eut une haute réputation ; il suivit l'hypothèse de l'immobilité du soleil. Cet astronome chercha à déterminer la distance du Soleil, entreprise très-hardie pour ce temps-là, et qu'il effectua au grand étonnement des savans. Il ébaucha le premier un système astronomique, en plaçant le soleil au milieu des étoiles, et en faisant circuler les planètes autour de lui.

Archimède vivait dans le même temps ; il se rendit célèbre par ses observations touchant les solstices et les mouvemens des planètes.

Platon recommande beaucoup l'étude de l'astronomie en divers endroits de ses ouvrages ; mais il ne paraît pas qu'il ait fait aucune découverte dans cette science. Il croyait que le monde entier était un animal intelligent.

Pythéas fut le premier qui enseigna la méthode de classer les climats par la longueur des jours et des nuits. Eudoxe qui avait étudié à Athènes et en Égypte, entreprit d'expliquer le célèbre cycle de 19 ans imaginé par Méton, pour concilier les mouvemens du soleil et ceux de la lune ; c'est la plus exacte période d'un court intervalle de temps qui puisse être divisé pour embrasser un nombre fini de révolutions de ces deux astres. L'année de ce cycle, appelée *nombre d'or*, est encore indiquée dans les calendriers.

Aristote, disciple de Platon et contemporain d'Eudoxe, croyait comme son maître que l'Univers et chacune de ses parties étaient animées par des intelligences. Il se servit de l'Astronomie pour perfectionner la Physique et la Géographie ; il chercha la figure et la grandeur de la terre et démontra qu'elle est de forme sphérique. Il vit Mars éclipsé par la Lune, et observa une comète.

Les écoles de Platon et d'Aristote ont produit divers astronomes distingués : Hélicon de Cyzique alla jusqu'à prédire une éclipse de soleil à Denis, tyran de Syracuse.

De toutes les écoles de l'antiquité, la plus célèbre fut celle d'Alexandrie. C'est elle qui détermina la position des étoiles d'une manière précise, traça avec soin le cours des planètes, et commença à bien connaître les inégalités des mouvemens du Soleil et de la Lune. Mais ce fut Hipparque de Bithynie qui jeta les premiers fondemens d'une Astronomie méthodique, 147 avant Jésus-Christ, lorsqu'à l'occasion d'une nouvelle étoile qui parut, il fit l'énumération de toutes les étoiles, dont il forma un catalogue ; et pour ne pas s'égarer dans ce travail immense, il divisa les étoiles en grouppes ou constellations et les projeta sur une sphère. Il termina sa carrière par deux découvertes importantes, qui furent de faire usage des longitudes pour fixer la position des lieux sur la terre, et de se servir à cet effet des éclipses de Lune.

Ptolomée, qu'on qualifia de prince des astronomes, ajouta ses observations à celles d'Hipparque, 240 ans plus tard, et rectifia beaucoup celles de ce dernier. Il imagina un système dans lequel la Terre se trouve au milieu du monde; autour d'elle, tournent les planètes et les étoiles fixes d'orient en occident; la Lune fait sa révolution autour de la terre; après viennent Mercure, Vénus, le Soleil, Mars, Jupiter et Saturne. Mais quoi qu'il imaginât pour rendre son système probable, son hypothèse fut abandonnée, parce qu'elle ne pouvait expliquer tous les mouvemens célestes. Il calcula aussi les éclipses qui devaient arriver dans les six siècles suivans.

La science fut ensuite fort négligée jusqu'au milieu du treizième siècle; alors Alphonse, roi de Castille, fit dresser des tables qui furent appelées *Alphonsines*, plus exactes que celles qu'on avait obtenues jusque là, mais qui l'étaient fort peu encore.

Dans le quinzième siècle naquit Copernic qui reproduisit l'ancien système du monde de Pythagore. Il le perfectionna, et l'astronomie reprit dès lors un nouveau lustre. Il fit remarquer que les difficultés qui le compliquent disparaissent, en supposant que le soleil est un centre autour duquel la terre effectue, comme les autres planètes, sa révolution annuelle, admettant de plus le mouvement de la terre sur son axe, hypothèse déjà avancée par Héraclide de Pont et par Ecphantus pythagoricien.

Après Copernic, Kepler et Galilée vinrent enrichir la science des astres de belles découvertes; tandis que l'un traçait les orbites des planètes et fixait les lois de leurs mouvemens, l'autre s'occupait de la recherche des lois du mouvement en général, qui étaient abandonnées depuis 2000 ans. Galilée prouva d'une manière incontestable que la terre est animée d'un mouvement diurne et annuel. Le premier, il introduisit l'usage des télescopes, et découvrit, au moyen de cet instrument, les satellites de Jupiter, les montagnes dans la Lune, les taches du Soleil et sa révolution autour de son axe.

Dans le même temps vivait Descartes dont le système pèche par la simplicité: il supposa un plein universel sans aucun vide, autour duquel les corps s'avançaient en déplaçant les différens fluides qui remplissaient tout l'espace. L'hypothèse de ces tourbillons, entassés les uns sur les autres, ne put se soutenir et fixa, en quelque sorte, celle de Copernic.

Enfin Newton, qui devait le plus honorer l'astronomie, naquit en 1642 à Volstrope (Angleterre); il démontra physiquement la loi suivant laquelle s'effectuent tous les mouvemens célestes, et posa tant d'autres principes qui contribuèrent à l'avancement de la science, qu'elle ne cessa d'être cultivée depuis par nos savans dont les travaux ne firent que confirmer de plus en plus les sublimes découvertes de son génie, en même temps qu'ils élevèrent l'astronomie jusqu'au dernier point de perfectionnement où elle se trouve aujourd'hui.

S'il faut avouer que les bases de la Physique céleste ont été posées par l'Angleterre, en découvrant le principe des lois de la gravitation universelle, il est aussi incontestable qu'on doit à l'Allemagne et à la France une grande partie de l'élévation de l'édifice. Euler, d'Alembert et Clairaut ont complètement perfectionné la théorie de la Lune. De plus, le premier a déterminé les inégalités des planètes provenant de leur action mutuelle; le second a résolu le problème de la précession des équinoxes et de la nutation de l'axe de la terre; le dernier a donné la théorie de la figure de notre planète et prédit le retour de la comète de 1759; et Laplace s'est rendu à jamais célèbre par son immortel ouvrage sur le véritable système du monde.

3. Le tableau précédent a retracé d'une manière rapide la marche des progrès de l'Astronomie. Dans les leçons qui vont suivre nous n'exposerons pas toutes les théories dont l'ensemble constitue la science; notre but est seulement de présenter l'explication de tous les phénomènes célestes qui entrent spécialement dans le domaine de l'*Astronomie physique* proprement dite, et qu'il importe à toutes les classes de la Société de connaître pour se prémunir contre les erreurs et les préjugés qu'enfantent trop souvent l'ignorance et la superstition.

LEÇON II.e

LES DÉFINITIONS

Du monde en général. — Acceptions différentes du mot nature. — Ce qu'on entend par lumière, par corps lumineux, éclairés, transparens et opaques. — Des corps célestes. — Disque d'un astre. — Phases, orbites, mouvemens et station des planètes. — Révolution sidérale. — De l'horizon. — Du lever et du coucher des astres. — Aurore. — Crépuscule.

Idée Du Monde.

4. Le Monde, pris dans le sens le plus général, est l'assemblage de tous les corps que nous apercevons dans l'espace infini qui les embrasse.

5. Selon l'opinion vulgaire, le Monde est composé de deux parties principales, la *Terre* et le *Ciel*.

La Terre semble au premier aperçu être une vaste surface à peu près plate, qui s'étend circulairement de tous côtés; lorsqu'on change de lieu sur cette surface, on perd de vue certains pays, on en découvre d'autres, et l'on se croit toujours au centre de l'étendue qu'elle présente.

Quant au Ciel, nous le voyons ordinairement sous la forme d'une voûte d'azur embellie de corps lumineux qui paraissent y être attachés.

6. Cependant ces apparences nous trompent, et l'observation, en rectifiant nos idées, nous apprend,

1.° Que la Terre n'est pas telle que nous la jugeons au premier coup d'œil: sa surface n'est pas plate, mais très-sensiblement convexe; et sa masse offre une figure arrondie dans tous les sens, isolée dans l'espace, partout couverte d'un fluide au milieu duquel nous vivons, et dont la totalité forme autour d'elle une espèce d'enveloppe qu'on appelle *atmosphère*.

2.° Que le Ciel n'est pas non plus cette voûte bleue qui nous environne, et que nous savons être produite par l'atmosphère terrestre; mais que sous cette dénomination, nous devons entendre l'espace immense dans lequel les corps célestes sont placés.

Telle est donc l'idée que nous attacherons désormais aux deux parties dans lesquelles on divise le Monde.

Signification de quelques termes de Physique et d'Astronomie.

7. Le mot *nature* s'emploie pour exprimer l'ensemble de tous les corps qui composent l'univers.

Quelquefois aussi ce mot exprime la puissance invisible qui régit l'univers, et communique à la matière des mouvemens soumis à des lois invariables.

8. La *masse* d'un corps est la somme des parties matérielles qui le composent; son *volume* est l'espace plus ou moins grand que la masse occupe; sa *figure* est déterminée par l'arrangement et la forme des surfaces qui limitent le volume.

9. Le lieu qu'un corps occupe dans l'espace, se nomme sa *place*.

10. Par *phénomènes* on entend les diverses *apparences* sous lesquelles les corps se présentent à nos regards. Quelquefois ces apparences sont accompagnées de circonstances si particulières, que nous ne pouvons les observer sans qu'elles portent dans notre âme des sentimens de surprise ou d'admiration.

Cette dénomination s'applique généralement à toute action, à tout effet, à tout mouvement que présente le spectacle de l'Univers.

11. On nomme *phénomènes célestes* ceux qui se passent dans le Ciel, par rapport aux astres.

12. La *lumière* est un fluide qui nous instruit de la présence des corps et des couleurs qui les embellissent.

Elle tend toujours à se propager en ligne droite.

Les physiciens modernes pensent, avec Newton, que la lumière est une émanation réelle des astres, qui lancent de tous côtés une partie de leur propre substance.

13. Le Soleil, la flamme, et tous les corps embrasés, répandent de la lumière autour d'eux. On dit que de tels corps sont *lumineux par eux-mêmes*. D'autres corps rendent l'effet qu'ils ont reçu des premiers, et l'on dit de ceux-ci qu'ils sont *éclairés*.

14. On nomme *transparens*, les corps à travers lesquels les effets de la lumière pénètrent facilement; tels sont les fluides, les liquides, et beaucoup de corps solides, parmi lesquels le verre tient la première place. Ceux qui, au contraire, retiennent ou interceptent la lumière, s'appellent corps *opaques*.

15. L'absence totale de lumière se nomme *obscurité*.

16. L'*ombre* est l'obscurité produite par l'interposition d'un corps opaque; on la juge d'autant plus noire que les parties voisines sont plus fortement éclairées.

Vulgairement, on entend par le mot *ombre*, la configuration de l'espace ombré, qui devient visible sur un second corps opaque placé derrière le premier.

17. L'ombre que jette un globe éclairé par un plus gros, est un cône fini, dont l'axe passe par le centre des deux corps (fig. 1re).

18. On appelle *milieu* un espace que la lumière doit traverser. Il est *rare* ou *dense*, suivant que ses parties matérielles sont très-écartées ou peu éloignées les unes des autres.

19. Un *rayon lumineux* est une file non interrompue d'atômes lumineux qui suivent tous la même direction.

20. De chaque point d'un corps lumineux par lui-même, les rayons se dispersent vers tous les côtés où l'on peut tirer des lignes droites dans le milieu transparent où il se trouve.

Si un rayon de lumière entre dans un milieu transparent plus rare ou plus dense, il éprouve une *réfraction*; c'est-à-dire, il est plus ou moins détourné de son chemin en ligne droite.

Si ce rayon arrive sur la surface polie d'un corps opaque, il est *réfléchi* dans une direction déterminée.

S'il passe très-près d'un corps, il subit une faible *inflexion*, dont les lois ne sont pas encore parfaitement connues.

Enfin, si la lumière tombe sur un corps opaque et non poli, il se fait en elle des changemens très-variables. Dans ce cas, le corps est *éclairé*, c'est-à-dire que tous ses points deviennent lumineux, parce qu'il réfléchit la lumière qu'il reçoit vers chaque point où l'on peut mener une ligne droite à travers le milieu transparent. C'est ce qui a lieu pour la Terre, la Lune et tous les autres corps qui empruntent leur lumière du Soleil.

Souvent on se sert du mot *lumière* pour exprimer la sensation que fait naître la présence de ce fluide, ou la *clarté* qui l'accompagne toujours. Mais les physiciens, pour distinguer ces deux objets, conservent au premier la dénomination de *lumière*, et emploient celle de *fluide lumineux* pour en désigner la cause inconnue.

21. On donne le nom d'*attraction* à cette force en vertu de laquelle tous les corps s'approchent ou tendent à s'approcher les uns des autres. Elle n'est connue que par les différens effets qu'elle produit.

Quand elle agit à des distances considérables, comme cela a lieu par rapport aux corps célestes, elle prend le nom de *gravitation*. Alors, c'est elle qui unit les corps en un tout immense et imposant, et qui contient leurs mouvemens dans un ordre et une harmonie éternelle; si ce lien invisible venait à se rompre, toute la nature retomberait dans le chaos.

22. L'attraction qui règne entre les corps célestes fut soupçonnée par Kepler qui regardait le soleil comme un vigoureux aimant. Mais la gloire de développer cette heureuse idée était réservée au célèbre Newton. Il a démontré qu'une attraction réciproque existe entre tous les corps de la nature, et qu'elle agit en raison directe de la masse du corps qui attire, et en raison inverse du quarré de la distance du corps attiré; c'est-à-dire, qu'elle augmente à mesure que la masse croît, et diminue selon que le quarré de la distance augmente. Ainsi, la lune serait trois fois plus attirée par le globe terrestre, si celui-ci contenait trois fois plus de matière; et l'astre du jour attirerait neuf fois moins la terre, si elle en était trois fois plus éloignée, parce que le quarré de trois est neuf.

Des Corps célestes.

23. Par *corps célestes* on désigne les *astres* qui brillent et se meuvent au-dessus de nos têtes dans la voûte infinie que nous appelons le *ciel*.

Ce sont des sphéroïdes (*) un peu applatis à leurs *pôles*, c'est-à-dire, aux extrémités de l'*axe* sur lequel ils tournent.

(*) Sous la dénomination de *Sphéroïde*, on comprend tout solide engendré par la révolution d'une demi-ellipse autour de son petit axe,

24. Les astres que nous voyons briller constamment à la même place, ou qui n'en changent pas sensiblement, ont une lumière propre ; ils se nomment *étoiles fixes*, ou simplement *étoiles :* ceux qui varient de position et répondent successivement à différens points du ciel, ont été appelés *planètes*, c'est-à-dire, *étoiles errantes*.

25. Toutes les planètes sont des corps opaques ; elles reçoivent du soleil la lumière qu'elles réfléchissent vers nous.

On les a divisées en *planètes principales* et en *planètes secondaires :* on conserve aux unes la dénomination de *planètes*, on donne aux autres celle de *satellites*.

26. On voit aussi de temps à autre des astres qui, d'abord très-petits, peu brillans, augmentent de grandeur, d'éclat et de vitesse, puis diminuent semblablement, et cessent d'être visibles. Ces astres étant ordinairement accompagnés de longs filets de lumière disposés en forme de *chevelure* ou de *queue*, ont reçu le nom de *comètes*.

Comme les planètes, celles-ci n'ont qu'une lumière empruntée du soleil qui les éclaire et nous les rend visibles.

Disque d'un astre.

27. Le disque d'un astre est la partie de sa surface que nous pouvons apercevoir : sa forme est ordinairement un cercle.

28. Le *diamètre apparent* d'un astre est l'angle sous lequel on voit la largeur apparente de son disque.

Phases.

29. On nomme *Phases* les diverses figures sous lesquelles une planète nous apparaît.

Orbites des Planètes.

30. Les courbes que les planètes décrivent dans le ciel, s'appellent *orbes* ou *orbites ;* ce sont des ellipses, peu différentes du cercle, dont la situation reste à peu près constante ; elles ont deux foyers situés de chaque côté et à égale distance du centre. Le Soleil occupe un des foyers ; en sorte que les planètes sont tantôt plus près, tantôt plus éloignées de cet astre.

Ces courbes n'ont rien de réel; on les a imaginées pour rendre plus facile l'explication des phénomènes.

31. Le point de l'orbite où une planète est à sa plus grande distance du soleil, se nomme *aphélie ;* on appelle *périhélie* celui où elle se trouve à sa plus petite distance : ces deux points pris ensemble

---

dont la longueur diffère très-peu de celle du grand axe. Sa ressemblance avec la sphère est la même que celle qui existe entre l'ellipse et le cercle.

ont reçu le nom d'*apsides ;* la droite qui les joint, c'est-à-dire, le grand axe de l'orbite, prend celui de *ligne des apsides*. Le plan de chaque orbite passe par le centre du soleil.

32. On désigne par *Apogée* le point où un astre est le plus éloigné de la terre et par *Périgée* celui où il en est le plus près.

33. L'orbe de la terre porte le nom d'*écliptique*. On conçoit le plan qui le renferme, ou le *plan de l'écliptique*, prolongé indéfiniment dans tous les sens, et c'est à ce plan que les astronomes rapportent la situation des plans de toutes les autres orbites.

34. Les deux points dans lesquels l'orbite d'une planète coupe le plan de l'écliptique se nomment *nœuds*, et la droite qui les joint s'appelle la *ligne des nœuds*.

Mouvemens des Planètes.

35. Chaque planète a deux mouvemens : l'un de *translation* qu'elle effectue dans son orbite, l'autre de *rotation* en vertu duquel elle tourne sur son axe.

36. Le mouvement d'une planète suivant lequel elle s'avance dans son orbite en allant d'occident en orient, est dit *mouvement direct ;* celui qu'elle effectue en sens contraire, c'est-à-dire, d'orient en occident, s'appelle *mouvement rétrograde*.

Station des Planètes.

37. C'est le temps pendant lequel une planète, vue de la Terre, semble rester au même point du ciel. La station a lieu entre les mouvemens direct et rétrograde, lorsque la planète passe de l'un à l'autre.

Révolution Sidérale.

38. On appelle *révolution sidérale* ou *temps périodique*, le temps qu'un astre emploie à revenir au même point du ciel, ou bien à décrire 360 degrés.

De l'Horizon.

39. L'*Horizon*, pour chaque point de la terre, est l'espace circulaire qui limite notre vue, en regardant autour de nous. Ce cercle sépare la partie visible du ciel de celle qui ne l'est pas.

40. Le *lever* d'un astre est l'instant où il apparaît sur l'horizon ; son *coucher* est celui de sa disparition.

Le côté du ciel où les astres se lèvent se nomme *orient ;* on appelle *occident* celui où ils se couchent.

Aurore. — Crépuscule.

41. On a donné le nom d'*aurore* à la lumière faible qu'on aperçoit quelques instans avant le lever du soleil, et celui de *crépuscule* à la lumière qui dure encore après le coucher de cet astre.

LEÇON III.e

EXPOSITION DU SYSTÈME DU MONDE.

Ce qu'on entend par ce système et moyen de s'en former une idée. — Du système solaire. Figure qui le représente. — Description des astres composant l'un et l'autre systèmes. — Le Soleil. Sa nature. Ses taches. — Des Planètes. — Mercure. — Vénus. Sa constitution physique. — La Terre. — Mars.

Du Système du Monde.

42. On nomme *système du monde* l'arrangement de tous les corps célestes qui composent l'univers, présenté suivant leur véritable situation relative et l'ordre dans lequel ils se meuvent au milieu de l'espace immense qui les embrasse. Il donne les moyens d'expliquer facilement les révolutions des astres et les phénomènes qui en résultent.

43. Ce système comprend le soleil, les planètes, les comètes et les étoiles; on peut s'en faire une idée en considérant la figure 2.e. En S se trouve le soleil, après sont toutes les planètes qui tournent autour de lui, ainsi que les comètes qui s'en approchent le plus, comme elles s'en éloignent à des distances infiniment plus considérables; ensuite les étoiles dont l'éclat appartient à leur nature, et que l'on croit être des soleils semblables au nôtre; enfin vient le vide immense auquel nous ne pouvons assigner de grandeur ni de limites, et que nous avons appelé *ciel.*

De notre Système planétaire.

44. De tous les corps célestes qui composent l'univers, on en connaît trente dont l'ensemble forme, avec les comètes dont le nombre n'est pas déterminé, ce qu'on appelle le *système solaire*, ou *notre système planétaire.* Parmi ces corps, le soleil seul, au milieu d'eux, brille de sa propre lumière; elle s'étend sur les vingt-neuf autres, les éclaire et les rend visibles dans leurs révolutions autour de cet astre.

La figure 3.e représente tout le système solaire dans sa vraie disposition naturelle. On y distingue onze *planètes* et dix-huit *satellites.* Les planètes dans leur mouvement de translation entraînent leurs satellites respectifs, assujétis à tourner autour d'elles, comme celles-ci le sont à circuler autour du soleil.

DU SOLEIL.

45. Le *Soleil* est un globe immense, placé au centre de notre système planétaire, dont le diamètre moyen est de 1411412204o mètres. Il tourne à-peu-près en vingt-cinq jours et demi sur lui-même; sa surface est partout également recouverte d'un océan de matière lumineuse dont les vives effervescences forment des taches noires, variables, souvent très-nombreuses et quelquefois plus grandes que la Terre. Au-dessus de cet océan s'élève une vaste atmosphère; c'est au-delà que les planètes, leurs satellites et les comètes se meuvent dans des orbes elliptiques.

Cet astre est la source de la chaleur qui féconde la Terre que nous habitons, comme celle de la lumière qui l'éclaire. Sans le Soleil, nous serions plongés dans la nuit la plus sombre, nous éprouverions le froid le plus insupportable; c'est lui qui forme les jours, les saisons, les années; il anime tout ce qui végète sur la Terre, et sa chaleur est nécessaire à notre conservation; enfin, son action bienfaisante fait éclore les animaux et les plantes qui couvrent la terre, et l'analogie conduit à penser qu'elle produit de semblables effets sur les autres planètes.

Idée de sa nature.

46. L'opinion la plus ancienne et la plus naturelle sur le Soleil, est que cet astre est un globe de feu, mais d'un feu en action, d'un feu liquide, semblable à la flamme ondoyante, qui entoure les corps combustibles, et qui se replie pour les embrasser et les dévorer. Lorsque le télescope (*) eût permis de considérer ce globe enflammé, on y aperçut des taches noires et irrégulièrement figurées. Cette couleur est l'indice de l'opacité d'une matière aussi dense et aussi compacte que la matière du feu en action est rare et légère. Ces taches sont souvent environnées d'une ombre, d'une espèce d'atmosphère blanchâtre; cette ombre se montre avant que la tache paraisse; elle reste après que la tache a disparu. Les taches sont en effet passagères; leur apparition n'a point de règle; elles naissent tout-à-coup sous les yeux mêmes de l'observateur; souvent elles ne se laissent voir que pendant quelques jours, souvent pendant des mois entiers.

(*) Le *télescope* est une lunette dont les astronomes se servent pour observer les corps célestes.

Opinion de Lahire sur les taches du Soleil.

47. Pour expliquer l'origine des taches du Soleil, Lahire eut une idée ingénieuse que l'on va rapporter comme paraissant la plus naturelle et la plus vraie.

Selon lui, les taches obscures, et quelquefois tout-à-fait noires, appartiennent à une masse solide dont elles ne sont que les éminences. Cette masse est de toutes parts enveloppée, baignée, brûlée par le fluide du feu et de la lumière : la masse nage dans le fluide, et, lorsqu'elle s'élève, elle montre ses éminences, que nous prenons pour des taches; lorsque la masse s'enfonce, les éminences et les taches disparaissent. La tache est noire, lorsque l'éminence est entièrement dépouillée du fluide igné; elle est obscure, quand l'éminence est recouverte d'une couche légère et transparente. Enfin les taches, avant de se montrer, et après avoir disparu, laissent cette apparence, désignée sous le nom d'ombre, et qui n'est que l'opacité de la masse solide aperçue à travers une couche plus épaisse du fluide : l'agitation extrême de ce fluide est la cause des bizarreries observées. Tantôt il abandonne et laisse à nu ces éminences, tantôt il laisse apercevoir leur obscurité à travers un voile de lumière, puis il revient couvrir les unes, et en laisse reparaître d'autres.

Des Planètes.

48. Les planètes, d'après leur proximité du Soleil, sont *Mercure*, *Vénus*, la *Terre*, *Mars*, *Vesta*, *Junon*, *Cérès*, *Pallas*, *Jupiter*, *Saturne*, et *Uranus*.

49. Mercure, Vénus, Mars, Jupiter et Saturne nous sont connus depuis la plus haute antiquité, par la raison qu'on les aperçoit à la vue simple; les autres ont été découvertes de nos jours à l'aide du télescope. Herschel a proposé de donner à quatre de ces dernières, Cérès, Junon, Pallas, Vesta, et à toutes celles de cette sorte qu'on découvrira par la suite, le nom d'*Astéroïdes*. Il désigne ainsi les corps célestes qui se meuvent dans des orbites d'une excentricité quelconque, autour du soleil, quel que soit l'angle d'inclinaison du plan de cet astre par rapport à l'écliptique. Le mouvement peut être direct ou rétrograde, et les corps peuvent avoir ou n'avoir pas d'atmosphère.

50. La plupart des planètes font leurs révolutions dans une zône du ciel qu'on appelle *zodiaque*, et qui s'étend de 8 degrés au-dessus et au-dessous du plan de l'écliptique; cependant cette zône ne suffit pas pour les comprendre toutes; car Cérès, Junon et surtout Pallas s'en écartent beaucoup.

51. Mercure et Vénus ont reçu le nom de *planètes inférieures*, parce que leur distance au soleil est moindre que celle de la Terre ; leurs orbites sont donc embrassées par l'écliptique.

Les autres planètes sont dites *supérieures*, par rapport à ce que leur orbites, au contraire, enveloppent celle de la terre.

MERCURE.

52. *Mercure* est la planète la plus voisine du Soleil ; sa distance est d'environ 59544285000 mètres. Il émet une lumière blanche très-brillante et nous paraît toujours près du soleil.

Lorsque cet astre commence à paraître, le soir, on le distingue à peine dans les rayons du crépuscule ; il s'en dégage de plus en plus les jours suivans, et après s'être éloigné d'environ 22° 5′ du Soleil, il revient vers lui. Dans cet intervalle, le mouvement de Mercure, rapporté aux étoiles, est *direct ;* mais lorsqu'en se rapprochant du Soleil, sa distance à cet astre n'est plus que de 18 degrés, il paraît *stationnaire*, et son mouvement devient ensuite *rétrograde*. Mercure continue de se rapprocher du Soleil, et finit par se replonger, le soir, dans ses rayons. Après y être demeuré pendant quelque temps invisible, on le revoit, le matin, sortant de ces rayons et s'éloignant du Soleil. Son mouvement est rétrograde comme avant sa disparition ; mais la planète parvenue à 18 degrés de distance de cet astre, est de nouveau stationnaire, et reprend un mouvement direct : elle continue de s'éloigner du Soleil jusqu'à la distance de 22 degrés 5′ ; ensuite elle s'en rapproche, se replonge, le matin, dans les rayons de l'aurore, et reparaît bientôt, le soir, pour reproduire les mêmes phénomènes.

Mercure ne s'éloigne du Soleil que de 16 à 29 degrés. Son mouvement est très-compliqué ; il n'a pas lieu exactement dans le plan de l'écliptique, quelquefois la planète s'en écarte au-delà de 4 degrés 30′.

53. Les phases que présente Mercure, et ses passages sur le disque du Soleil, pendant lesquels cette planète apparaît sous la forme d'une tache noire qui décrit une corde de ce disque, prouvent évidemment qu'elle emprunte de cet astre la lumière dont elle brille.

On croit que Mercure est hérissé de montagnes qui auraient jusqu'à 8000 toises d'élévation.

VÉNUS.

54. *Vénus* est après Mercure la planète qui s'écarte le moins du Soleil ; sa distance moyenne du Soleil est de 109435800000 mètres.

55. Comme Mercure, elle se projette sur le disque du Soleil sous la figure d'une tache noire, qui semble en décrire une corde ; elle offre aussi les mêmes aspects avec cette différence que ses phases sont beaucoup plus sensibles et leur durée plus considérable : ce qui nous apprend que cet astre est un corps ténébreux qui n'a d'autre lumière que celle qu'il réfléchit du Soleil.

56. Vénus surpasse en clarté toutes les autres planètes, et les étoiles même; elle est quelquefois si brillante qu'on la voit à la vue simple en plein jour. Ce phénomène qui revient assez souvent, ne manque jamais d'exciter une vive surprise; et le vulgaire, dans sa crédule ignorance, le suppose toujours lié aux évènemens contemporains les plus remarquables.

Les taches que l'on remarque sur cette planète ont servi à déterminer son mouvement de rotation autour de son axe.

57. Shrœter, par des observations très-soignées, a reconnu l'existence de très-hautes montagnes à sa surface, et par la loi de la dégradation de la lumière, dans le passage de sa partie obscure à sa partie éclairée, il a jugé la planète environnée d'une atmosphère étendue dont la force réfractive est peu différente de celle de l'atmosphère terrestre.

58. Quand, le matin, Vénus précède le Soleil, on l'appelle communément *étoile du matin;* le soir, lorsqu'elle le suit, on la nomme *étoile du berger.*

LA TERRE.

59. La *Terre* est la planète que nous habitons; elle nous semble immobile au centre de l'Univers, quoiqu'elle ait, comme toutes les autres, un mouvement de rotation sur son axe, et un de translation qu'elle effectue dans le plan même de l'écliptique.

60. La distance moyenne de la Terre au Soleil est de 152888250000 mètres; elle emploie 23 heures 56 minutes 4 secondes à tourner sur son axe, et parcourt son orbite en 365 jours 6 heures 9 minutes 11 secondes, qui forment ce qu'on appelle l'*année sidérale.* Plus loin nous nous étendrons davantage sur cette planète dans un article qui lui sera destiné tout entier.

La Terre a un satellite qui tourne autour d'elle en 27 jours et demi environ; c'est la *Lune* dont nous donnerons ailleurs la description.

MARS.

61. La quatrième planète est *Mars;* elle nous paraît se mouvoir autour de la Terre d'occident en orient, quoique son mouvement de translation s'effectue autour du Soleil, dont elle est éloignée, dans sa distance moyenne, de 231746400000 mètres.

62. Lorsqu'on observe cette planète au télescope, on voit son disque changer de forme et devenir sensiblement ovale, suivant sa position relative au Soleil; ces phases prouvent qu'elle en reçoit la lumière.

Cet astre est rougeâtre, et sa surface présente des taches avec des formes très-variées. On a remarqué que deux d'entre elles qui entourent ses pôles, augmentent ou diminuent suivant qu'elles se trouvent exposées au soleil d'une manière plus ou moins oblique : on croit, par cette raison, qu'elles peuvent être des amas d'eau congelée analogues à nos glaces polaires.

LEÇON IV.e

SUITE DE L'EXPOSITION DU SYSTÈME DU MONDE.

Vesta. — Junon. — Cérès. — Pallas — Jupiter. Sa constitution physique. — Saturne. Son anneau. — Uranus. — Table synoptique des planètes. — Des satellites. — Planètes auxquelles on en a reconnu. — La Lune. Montagnes de la Lune. — Satellites de Jupiter, de Saturne et d'Uranus. — Rapport trouvé par Képler.

VESTA.

63. *Vesta* est une nouvelle planète qui fut découverte par Olbers, le 29 mars 1807. Sa distance moyenne au Soleil est d'environ 346010250000 mètres, et sa révolution annuelle de 1335 jours 4 heures 55 minutes 12″.

Cette planète est blanche et pure ; on n'observe pas d'atmosphère autour d'elle : quand notre ciel est sans nuage, on peut la voir à l'œil nu.

JUNON.

64. Après Vesta vient *Junon*, planète découverte par Harding, le 1er septembre 1804. Sa distance moyenne au Soleil est 391072050000 mètres, et sa période annuelle de 1590 jours 23 heures 57 minutes 7″.

CÉRÈS.

65. Cette planète fut découverte par Piazzi, qui l'observa le 1er janvier 1801. Elle est éloignée du Soleil de 123259050000 mètres. Herschel l'a vue d'un couleur rougeâtre faible ; il croit qu'elle a une atmosphère. Son mouvement sidéral annuel est de 1681 jours 12 heures 56 minutes 9″.

PALLAS.

66. *Pallas*, planète reconnue par Olbers le 28 mars 1802, se trouve écartée du Soleil, dans sa distance moyenne, de 424868400000 mètres. C'est la plus petite planète connue de tout le système solaire : elle a une couleur blanchâtre et paraît peu distincte, même avec une lunette qui grossit 500 fois. Sa révolution sidérale a lieu en 1681 jours 17 heures 57 secondes.

JUPITER.

67. *Jupiter,* la plus grande des planètes de notre système, accomplit sa période sidérale en 4332 jours 14 heures 18 minutes environ. Sa distance moyenne est de 802728920880 mètres.

68. On remarque à la surface de Jupiter plusieurs bandes obscures, sensiblement parallèles entre elles et à l'écliptique : on y observe encore d'autres taches dont le mouvement a fait connaître la rotation de cette planète, d'occident en orient, sur un axe presque perpendiculaire au plan de l'orbe de la Terre. Les variations de quelques-unes de ces taches, et les différences sensibles dans la durée de la rotation conclue de leurs mouvemens, donnent lieu de croire qu'elles ne sont point adhérentes à Jupiter : elles paraissent être autant de nuages que les vents transportent avec différentes vitesses dans une atmosphère très-agitée.

Jupiter est, après Vénus, la plus brillante des planètes, quelquefois même il la surpasse en clarté.

SATURNE.

69. *Saturne* emprunte sa lumière du Soleil, dont il est éloigné d'environ 1472430984oo mètres ; la durée de sa révolution sidérale, qui se fait presque dans le plan de l'écliptique, est de 10758 jours 23 h. 16′ 48″.

La pâleur de sa lumière fait qu'à l'œil nu on la distingue à peine d'une étoile fixe.

70. Près de son équateur on observe des bandes analogues à celles de Jupiter ; mais ce qui le caractérise particulièrement, c'est l'anneau lumineux qui l'environne.

Anneau de Saturne.

71. Cet anneau (fig. 4.) est une espèce de couronne large et mince qui entoure la planète, et qui s'en trouve séparée entièrement par un espace vide, à travers lequel on voit le Ciel et les petites étoiles que le hazard y fait rencontrer.

Il est opaque et nous réfléchit la lumière du Soleil qui l'éclaire. Son opacité et celle de Saturne sont prouvées à la fois par l'ombre très-sensible que l'arc antérieur de l'anneau projette sur le disque de la planète, et par l'ombre que la planète elle-même projette sur l'arc postérieur de l'anneau.

Sa largeur apparente est presque égale à sa distance à la surface de Saturne ; l'une et l'autre sont à peu près le tiers du diamètre de la planète. Il fait sa rotation, d'occident en orient, dans l'espace de 10 h. 29′ 17″, autour d'un axe perpendiculaire à son plan et passant par le centre de Saturne.

La surface de l'anneau n'est pas continue, des bandes noires et concentriques la séparent en plusieurs parties qui semblent former autant d'anneaux distincts.

72. Cet anneau devient invisible après avoir diminué par degrés, et alors Saturne paraît rond comme les autres planètes. Bientôt l'anneau reparaît sous la forme d'un trait de lumière ; il acquiert plus de largeur, et revient à ses premières dimensions.

Ces phénomènes de la disparition et de la réapparition de l'anneau se renouvellent tous les quinze ans, c'est-à-dire, à chaque demi-révolution de Saturne. Il peut y avoir dans la même année deux apparitions et deux réapparitions, et jamais davantage.

URANUS.

73. La planète *Uranus* découverte par Herschell, le 13 mars 1781, semble, par son extrême éloignement du Soleil, être située aux confins du système planétaire. Sa distance moyenne est de 2945120487000 mètres ; la durée de sa révolution sidérale de 30688 jours 17 h. 6′ 43″.

Table synoptique des mouvemens et différentes circonstances des planètes.

ASTRES.	Diamètres en Lieues.	Distance au Soleil en Lieues.	Révolutions sidérales.	Lieues parcourues en 1″	Rotation sur l'axe.	inclinaison de l'orbite sur l'éclipt.
Mercure	1130	13361000	87 j. 23h. 14′ 30″	653	1j. 0 h. 4′	7°, 78
Vénus	2787	25000000	224. 16. 41. 27″	485	0. 23. 21.	8°, 76
La Terre	2865	34500000	365. 5. 48. 49″	412	1. 0. 0.	»
La Lune	782	86000	27. 7. 43. 11″	14	27. 7. 44.	5°, 71
Mars	1592	52613000	686. 22. 18. 27″	329	1. 0. 39.	1°, 85
Vesta	inconnu	81530000	3 ans 66j. 4 h.	»	inconnue.	7°, 15
Junon	»	91278000	4. 128. 0.	»	»	31°, 05
Cérès	»	95532000	4. 120. 2.	»	»	10°, 62
Pallas	»	95892000	4. 220. 16.	»	»	34°, 60
Jupiter	33121	180000000	11. 315 j. 12 h. 30′	178	0j. 9h 56′	1°, 46
Saturne	27529	329200000	29. 161. 4. 27.	132	0. 10. 16.	2°, 77
Uranus	12212	662000000	83. 29. 8. 39.	93	«	0°, 86

Des Satellites.

74. On nomme *Satellites* de petits astres opaques, non lumineux par eux-mêmes et éclairés par le Soleil, qui se meuvent autour des planètes primitives, et sont emportés par ces dernières dans les révolutions qu'elles font autour du Soleil.

75. La Terre, Jupiter, Saturne et Uranus sont jusqu'alors les seules planètes auxquels on a reconnu des satellites. La Terre en a un, qui est la *Lune*; Jupiter en a quatre; Saturne, sept; Uranus, six.

Ces petits astres, à l'exception de la Lune, ne sont visibles qu'à l'aide du télescope.

76. On appelle *premier satellite* celui qui s'écarte le moins de la planète; *second satellite* celui qui vient après; et de même on détermine le rang des autres. Tous se meuvent, d'occident en orient, dans des orbes plus ou moins inclinés sur celui de la planète qui les emporte avec elle.

LA LUNE.

77. Après le soleil, la Lune est pour nous l'astre le plus intéressant; c'est un corps opaque et sphérique, qui nous réfléchit la lumière du Soleil: son opacité est prouvée par ses phases, et la sphéricité de sa figure par la courbe qui la termine constamment.

78. La Lune se meut dans un orbe elliptique dont la Terre occupe un des foyers; sa distance moyenne de la Terre égale 60 demi-diamètres de cet astre, ou 386144000 mètres; elle est donc, comparativement aux autres astres, très-près de nous. C'est à cette proximité qu'elle doit de paraître si grande et si lumineuse.

La durée de la révolution sidérale de la Lune autour de la Terre, qu'on appelle son *mois périodique*, est d'environ 27 jours $7^h\ 43'\ 11''$; elle emploie le même temps à tourner sur son axe.

79. Notre planète éclaire la Lune pendant ses nuits, comme cet astre nous éclaire durant les nôtres; et c'est par la lumière réfléchie de la Terre qu'on voit la Lune, quand elle n'est pas éclairée par le Soleil.

Montagnes de la Lune.

80. Des montagnes d'une grande hauteur s'élèvent à la surface de la Lune; leurs ombres projetées sur les plaines y forment des taches qui varient avec la position du Soleil. On voit, au bord de la partie éclairée du disque lunaire, ces montagnes sous la forme d'une dentelure, qui s'étend au-delà de la ligne de lumière, d'une quantité dont la mesure a fait connaître que leur hauteur est au moins de 3000 mètres. On reconnaît encore, par la direction des ombres, que la surface de la Lune est parsemée de profondes cavités semblables aux bassins de nos mers. Enfin, la surface lunaire paraît offrir des traces d'éruptions volcaniques: la formation de nouvelles taches, et des étincelles observées plusieurs fois, dans sa partie obscure, semblent même y indiquer des volcans en activité.

Nous reviendrons sur cet important satellite en parlant des phénomènes célestes.

SATELLITES DE JUPITER.

81. Jupiter est entouré de quatre satellites qui l'accompagnent sans cesse, et dont les configurations changent à tout moment. Galilée les découvrit en 1610, et les nomma *Astres de Médicis*. Ils effectuent leur mouvement autour de Jupiter dans des orbes très-peu elliptiques. On les voit quelquefois passer sur le disque de la planète, en y projetant leur ombre qui alors décrit une corde de ce disque; d'où l'on conclut que Jupiter et ses satellites sont des corps opaques, éclairés par le Soleil.

SATELLITES DE SATURNE.

82. Indépendamment de son anneau, Saturne a sept satellites en mouvement autour de lui.

Le grand éloignement des satellites de Saturne et la difficulté d'observer leur position, n'ont pas permis jusqu'à présent de reconnaître l'ellipticité de leurs orbites. Cependant on a déjà remarqué que celle de l'orbe du septième satellite est sensible.

SATELLITES D'URANUS.

83. Les six satellites d'Uranus se meuvent autour de lui dans des orbes presque circulaires et perpendiculaires à peu près au plan de l'écliptique; Herschell les a reconnus au moyen d'un très-fort télescope.

Rapport trouvé par Kepler.

84. En comparant les distances moyennes des planètes aux durées de leurs révolutions sidérales, on retrouve facilement ce beau rapport découvert par Képler, que *toutes les fois que plusieurs corps se meuvent autour d'un même point, les quarrés des temps périodiques sont entre eux comme les cubes de leurs moyennes distances à ce point.*

LEÇON V.

SUITE DU SYSTÈME DU MONDE.

Constitution physique des Comètes. — Comment s'effectuent leurs mouvemens propres. — Nébulosité, queue et noyau des comètes. — Durée de leur apparition. — Examen du danger de leur rencontre avec la Terre. — Présages qu'on tirait autrefois de leur apparition.

DES COMÈTES.

85. Ces astres, qui font partie de notre système planétaire, paraissent constamment du côté opposé au Soleil.

Dans les siècles d'ignorance, l'apparition des comètes suivies de longues traînées de lumière effrayait les hommes toujours frappés des événemens extraordinaires dont les causes leur sont inconnues. Aujourd'hui que le flambeau des Sciences a dissipé ces vaines terreurs, nous savons que les comètes, regardées long-temps comme des météores engendrés dans notre atmosphère, sont des corps opaques qui empruntent leur lumière du Soleil, autour duquel elles décrivent des ellipses très-alongées et fort excentriques, au foyer commun desquelles cet astre est placé.

Leurs mouvemens propres ont lieu dans tous les sens, et n'affectent pas exclusivement, comme ceux des planètes, la direction d'occident en orient. Il en est qui se meuvent dans le plan de l'écliptique ou dans le zodiaque; d'autres suivent des directions diverses, même perpendiculaires à l'écliptique.

86. Les comètes ne sont visibles pour nous que dans une très-petite partie de leur orbite, c'est-à-dire, qu'en approchant du périhélie: l'aphélie est si éloigné de la Terre, qu'il est impossible de les y apercevoir. Après avoir brillé d'un éclat plus ou moins vif pendant quelques semaines ou quelques mois, elles se plongent dans l'immensité du Ciel, qui les dérobe à nos regards pour une longue suite d'années.

87. Le nébulosité dont les comètes sont accompagnées, paraît être formée par les vapeurs que la chaleur du Soleil élève de leur surface. Quant aux queues, elles ne sont autre chose que ces mêmes vapeurs fortement raréfiées et transportées à une grande distance par l'impulsion des rayons solaires.

On aperçoit les plus petites étoiles au travers des queues des comètes; et comme l'épaisseur de ces queues surpasse souvent un million de lieues, il faut que la matière dont elle sont formées soit d'une rareté extrême : ces queues ne peuvent donc apporter le plus léger obstacle aux mouvemens des planètes.

Ce qu'on appelle *noyau* des comètes, ne paraît être que la partie la plus dense de la nébulosité qui les environne; cette nébulosité et la queue acquièrent l'une et l'autre leur plus grand éclat peu de jours après le passage de la comète à la plus petite distance du Soleil, lorque la chaleur que cet astre lui communique est parvenue à son *maximum*.

88. On n'a point vu de queue plus étendue que celle de la comète de 1680, parce qu'elle passa très-près du Soleil. Dans le moment de sa plus grande proximité de cet astre (elle en était alors 166 fois moins éloignée que notre planète), on a trouvé qu'elle éprouva une chaleur 27000 fois plus forte que celle que le Soleil communique à

la Terre. Cette chaleur, très-supérieure à celle que nous pouvons produire, et qui, d'après l'évaluation de Newton, équivaut à 2000 fois environ celle d'un fer rouge, volatiliserait probablement la plupart des substances terrestres.

89. La plus petite distance de la comète de 1759 au Soleil est à peu près égale à 10 millions de lieues; mais lorsqu'après 38 ans elle a atteint l'autre extrémité de son orbite, elle est éloignée du même astre d'environ 1200 millions de lieues. Cette comète étant cependant, d'après toutes les comètes connues, celle qui s'éloigne le moins du Soleil, on peut imaginer les grandes révolutions que les seules variations de température doivent produire sur ces astres.

90. Les comètes dont l'apparition a été la plus longue sont celles qui ont paru pendant six mois: la première, du temps de Néron, l'an 64 de Jésus-Christ; la seconde, vers l'an 603, au temps de Mahomet; la troisième, en 1240, lors de l'irruption du grand Tamerlan.

De nos jours, la comète de 1729 a été vue pendant six mois, depuis le 31 juillet jusqu'au 21 janvier 1730; et celle de 1811 parut environ 4 mois.

91. Quelquefois on a aperçu en même temps plusieurs comètes. Riccioli en rapporte des exemples; le 11 février 1760, on en voyait deux.

92. Le nombre des comètes connues jusqu'à présent s'élève déja à 101. Les deux dernières furent observées en 1811, l'une par Flaugergue, le 25 Mai; l'autre par Pons, le 5 Octobre.

Examen du danger de la rencontre des comètes.

93. Parmi les comètes que nous connaissons, il y en a plusieurs qui peuvent assez approcher de la terre pour y produire des effets sensibles; et, parmi le grand nombre de celles que nous ne connaissons pas, il pourrait y en avoir qui fussent également capables d'y causer des révolutions prodigieuses. Une comète de la grosseur de la terre, qui serait seulement à treize mille deux cent quatre-vingt-dix lieues de nous, aurait la force nécessaire pour produire une marée ou une élévation de deux mille toises dans les eaux de la mer; si elle y était assez long-temps, elle pourrait submerger toutes les parties de notre globe.

Duséjour entreprit, par une analyse rigoureuse, l'examen de ce danger; en voici le résultat. Pour qu'une comète puisse rencontrer la Terre, il faut deux conditions: 1.° que le point où son orbite coupe le plan de l'écliptique soit à une distance du soleil qui égale celle de la Terre à cet astre; 2.° que la comète et la Terre se trouvent précisément dans ce point et à cette distance égale dans le même instant. Parmi toutes les comètes connues, il n'en est aucune qui coupe exactement l'orbite terrestre à cette distance déterminée ; c'est déja beaucoup. Mais il y en a quelques unes, qui rempliraient cette condition, si on altérait un peu leurs élémens. Il est sûr que ces élémens doivent changer par les lois de la gravitation ; cependant Duséjour observe très-judicieusement qu'il y a loin de la possibilité, de la nécessité même d'un dérangement quelconque à la certitude que ce dérangement sera tel qu'il convient à la rencontre ou à la proximité nuisible de la comète et de la terre. Il faudrait qu'il suivît une certaine loi donnée, qu'il arrivât dans un temps donné, et qu'alors la terre fût aussi à un certain point donné de son orbite. Ces trois circonstances sont nécessaires pour que la rencontre d'une comète avec la terre ait lieu ; la probabilité qu'elles ne se réuniront pas est si forte, qu'on peut assurer hardiment que cette réunion, et par conséquent la rencontre ne se réalisera jamais.

94. Ici se termine l'exposé de notre système planétaire, qui, reposant sur les observations des astronomes modernes les plus célèbres, est à l'abri de toute contradiction.

Présages tirés jadis de l'apparition des Comètes.

L'histoire rapporte que les comètes furent longt-temps la terreur du monde, et on ne connaît pas un seul pays où elles n'aient passé pour être les avant-coureurs de quelque événement sinistre. Nous en citerons plusieurs exemples.

En 837, vers les fêtes de Pâques, une comète parut dans le signe de la Vierge. Louis-le-Gros, héritier de l'empire de Charlemagne, en ayant été averti, fit venir un astrologue pour savoir ce qu'il pensait de ce phénomène. L'astrologue demanda jusqu'au lendemain pour répondre. « Allez, lui dit « l'empereur, convaincu qu'il craignait de lui annoncer de tristes nouvelles ; « allez de ce pas examiner ce nouvel astre, et venez incessamment me « rapporter ce qu'il pronostique ; car je sais que c'est une comète. » Le charlatan obéit et fit ensuite son rapport. Le prince, s'imaginant qu'il n'exposait pas la vérité, ni ce qu'il pensait, lui dit : « Vous n'osez me « déclarer que cette comète est un changement de règne et la mort d'un « prince. » L'astrologue répliqua qu'il ne fallait pas craindre les signes du ciel. « Je sais, reprit l'empereur, que nous ne devons craindre que celui qui « est le créateur de cet astre ; mais nous ne pouvons assez louer sa bonté de « ce qu'il veut bien nous prévenir des événemens qui nous menacent : et « comme ce signe pourrait nous regarder, travaillons de toutes nos forces à « nous rendre meilleurs. » Après ce discours, il donna ordre aux seigneurs de se retirer, et passa toute la nuit en prières : le lendemain il fit célébrer beaucoup de messes et distribuer de grandes aumônes.

Madame de Sévigné, dans une de ses lettres au comte de Bussy, décrit, de la manière suivante, la sensation extraordinaire que produisit la comète de 1680, lors de son apparition. « Nous avons, dit-elle, une comète qui

« est bien étendue. C'est la plus belle queue qu'il est possible de voir. « Tous les grands personnages sont alarmés, et croient que le ciel, bien « occupé de leur perte, en donne des avertissemens par cette comète. On « dit que le cardinal Mazarin étant désespéré des médecins, ses courtisans, « crurent qu'il fallait honorer son agonie d'un prodige, et lui annoncèrent « qu'il paraissait une grande comète qui leur faisait peur; il eut la force de « se moquer d'eux, et il leur dit plaisamment que la comète lui faisait trop « d'honneur. »

Cette comète, dont la période embrasse 575 ans, se trouve être la même qui suivit de près la mort de Jules César, et dans laquelle les historiens et les poètes du temps prétendirent que son âme était passée. Le sénat mit aux voix cette affaire; la métamorphose fut bien constatée, « désormais, dit « Suétone, il ne parut qu'avec une étoile sur le front. » Enfin de peur que ce nouveau miracle ne fût perdu pour la postérité, on frappa une médaille.

Quelquefois, par une contradiction bien digne de ces sortes de prédictions, il se présentait des cas où ces corps célestes, au lieu d'annoncer la mort d'un personnage important, pronostiquait pour lui la plus haute destinée. Ainsi, selon Justin, le ciel nous avait avertis, par deux admirables comètes, de la future grandeur de Mithridate; l'une ayant brillé l'année qu'il vint au monde, et l'autre, l'année qu'il commença de régner.

LEÇON VIe.

SUITE DU SYSTÈME DE L'UNIVERS.

Les Étoiles. Leur extrême éloignement. Leur constitution physique. Leur division en constellations. — Étoiles de la première grandeur. — Ce qu'on entend par Étoiles changeantes, voie lactée, nébuleuses et par la scintillation des étoiles. — Résumé.

Des Étoiles.

95. Si l'on jette un regard au-delà du système planétaire, on y voit une quantité innombrable de corps lumineux par eux-mêmes, qui ne changent pas de position respective, et qui sont si éloignés de la Terre qu'on n'a jamais pu mesurer leur distance, même par approximation (*). Ces corps, auxquels on a donné le nom d'*étoiles*, paraissent situés aux confins de l'Univers; leur diamètre apparent

(*) Après bien des tentatives, on est cependant parvenu à déterminer que la distance des étoiles à la Terre surpasse de beaucoup sept trillions de lieues. Ceci ne nous fait pas connaître leur éloignement, mais nous donne au moins une limite certaine au-delà de laquelle ces corps sont situés.

est si petit, qu'il ne nous les présente toujours que comme des points lumineux, quand on les observe avec un bon télescope.

96. On a divisé les étoiles en plusieurs classes, à raison de leur éclat. Les plus brillantes se nomment *étoiles de la première grandeur*; les autres sont *de la seconde*, *de la troisième*, et ainsi de suite jusqu'à *la douzième*. On ne peut apercevoir, à la vue simple, que celles des six premières classes.

97. La vivacité de la lumière des plus belles étoiles, comparée à l'énorme distance qui nous en sépare, ne nous permet pas de douter qu'elles ne brillent d'un feu qui leur est propre; et comme les plus petites sont soumises aux mêmes mouvemens que les plus brillantes, et que leur situation respective est constante, il est bien probable que toutes les étoiles sont de la même nature, qu'elles sont toutes des corps lumineux, plus ou moins gros, répandus dans l'immensité de l'espace à des distances différentes, et qui, semblables à l'astre qui nous éclaire, peuvent être les foyers d'autant de systèmes planétaires.

CONSTELLATIONS.

98. Les *constellations* sont des groupes d'étoiles auxquels on a donné des noms d'hommes, d'animaux, et même de choses inanimées, comme instrumens, machines, etc. que les fables ont feint avoir été transportés au ciel.

99. Hipparque, né dans la Bithynie (*), fit un catalogue général des étoiles, vers l'an 130 avant Jésus-Christ. On y trouve 48 constellations, 12 dans le zodiaque, 21 au nord, et 15 au midi.

Constellations du Zodiaque.

Le Bélier.	Le Lion.	Le Sagittaire.
Le Taureau.	La Vierge.	Le Capricorne.
Les Gémeaux.	La Balance.	Le Verseau.
L'Écrevisse.	Le Scorpion.	Les Poissons.

On verra plus loin qu'il ne faut pas confondre ces constellations avec les douze signes de mêmes noms en lesquels on a divisé l'écliptique.

Constellations Boréales.

La Grande Ourse.	Le Bouvier.	Le Petit Cheval.
La Petite Ourse.	La Couronne.	Le Triangle.
Le Dragon.	Le Serpentaire.	Le Cocher.
Céphée.	Le Serpent.	La Flèche.

(*) La *Bithynie* est une province de l'Anatolie actuelle, nommée autrefois *Asie Mineure*.

Cassiopée.	Hercule.	La Lyre.
Andromède.	L'Aigle.	Le Cygne.
Persée.	Pégase.	Le Dauphin.

A ces 21 constellations Tycho-Brahé, né en 1546, en ajouta deux autres, savoir : la *Chevelure de Bérénice* et *Antinoüs* : l'une située près de la queue du Lion, l'autre à côté de l'Aigle.

Constellations australes.

Orion.	Le Petit Chien.	Le Loup.
La Baleine.	L'Hydre femelle.	L'Autel.
L'Éridan.	La Coupe.	Le Poisson austral.
Le Lièvre.	Le Corbeau.	Le Navire.
Le Grand Chien.	Le Centaure.	La Couronne australe.

100. Ce catalogue renferme la plus grande partie des étoiles qui s'offrent à nos regards: toutes celles qui ne purent y être comprises furent appelées *informes*. Cet état du Ciel dura jusqu'au seizième siècle; mais depuis, on forma, de ces dernières étoiles et de celles que l'on découvrit, de *nouvelles constellations* ; en sorte que dans les cartes célestes publiées de nos jours, on trouve plus de 100 constellations.

Étoiles de la première grandeur.

101. Les étoiles de la première grandeur ont reçu des noms particuliers; celles qu'on aperçoit en Europe sont au nombre de 13, savoir :

Sirius, ou la *gueule* du Grand Chien; l'*épaule* d'Orion; *Rigel*, ou le *pied* d'Orion; *Aldébaran*, ou l'*œil* du Taureau; la *Chèvre*; l'*Aigle*; la *Lyre*; *Arcturus*; *Antarès*, ou le *cœur* du Scorpion; l'*épi* de la Vierge; *Régulus*, ou le *cœur* du Lion; *Procyon*; *Fomahant*.

Quelques astronomes mettent au même rang la *queue* du Cygne, la *première tête* des Gémeaux, le *cœur* le l'Hydre, et la *queue* du Lion.

Étoiles changeantes.

102. On nomme *étoiles changeantes* celles dont l'éclat éprouve des variations périodiques.

103. Il y en a qui paraissent tout-à-coup, et qui s'évanouissent après avoir brillé du plus vif éclat. La plus fameuse est celle qui fut observée en 1572, dans la constellation de Cassiopée: en peu de temps, sa clarté devint éblouissante; elle s'affaiblit ensuite par degrés, et l'étoile disparut entièrement seize mois après son apparition, sans avoir changé de place dans le ciel. Sa couleur

fut d'abord d'un blanc éclatant, puis d'un jaune rougeâtre, enfin d'un blanc plombé.

104. Pour expliquer le phénomène des étoiles qui se sont montrées presque subitement avec une très-vive lumière pour disparaître ensuite, on peut soupçonner avec vraisemblance que des causes extraordinaires ont produit quelque embrasement à leur surface : le changement de couleur, semblable à celui que présentent sur la terre des corps que nous voyons s'enflammer et s'éteindre, vient à l'appui de cette opinion.

105. Quant aux variations périodiques qu'on observe dans l'intensité de la lumière des étoiles changeantes, il est probable qu'elles sont dues aux taches très-étendues que les étoiles nous présentent périodiquement en tournant sur elles-mêmes, à peu près comme le dernier satellite de Saturne, et à l'interposition des grands corps opaques qui circulent autour d'elles.

Voie lactée.

106. La *voie lactée*, autrefois appelée le *cercle de Junon*, ou le *chemin de St.-Jacques*, est une lumière blanche, de figure irrégulière, qui entoure le ciel en forme de ceinture.

Des observations, faites au moyen du télescope, y ont fait découvrir un si grand nombre de petites étoiles, qu'on peut croire que la voie lactée n'est que la réunion de ces étoiles, qui nous paraissent assez rapprochées pour offrir l'image d'une lumière continue.

Nébuleuses.

107. On a donné le nom de *nébuleuses* à de petites brancheures qu'on aperçoit dans diverses parties du ciel.

Les nébuleuses semblent être de la même nature que la voie lactée : plusieurs d'entre elles, vues à l'aide du télescope, offrent également la réunion d'une multitude de petites étoiles ; d'autres ne présentent qu'une lumière blanche et continue, peut-être à cause de leur grande distance qui confond la lumière des étoiles dont elles sont formées.

Scintillation des Étoiles.

108. On nomme *scintillation* le tremblement continuel dont la lumière des étoiles est agitée. Elle n'a pas lieu, ou du moins elle est très-faible, dans les planètes.

Ce phénomène est attribué aux vapeurs qui passent entre l'œil et ces astres ; leur diamettre apparent est si petit, que le mouvement de quelques molécules suffit pour les cacher et les montrer alternativement.

Il y a des voyageurs qui assurent que les étoiles ne scintillent pas dans les contrées arides, où l'air pur et tranquille ne contient que très-peu de substances étrangères.

Résumé.

109. Telle est donc la structure de l'Univers : ici, des globes énormes, situés à des distances immenses les uns des autres, roulent dans l'espace infini qui les embrasse tous, en suivant une règle constante et immuable qui les force à se mouvoir autour d'un même centre, le Soleil, et conservent ensemble une harmonie si parfaite, qu'ils ne s'entrechoquent pas dans leurs courses rapides et continuelles. Là, d'innombrables comètes, qui, selon leur proximité ou leur éloignement du Soleil, nous deviennent visibles ou se cachent à nos regards, se meuvent dans tous les sens avec une vitesse qui effraie l'imagination. Plus loin, et à des distances plus immenses encore, sont placés des milliers de corps étincelans, foyers peut-être d'autant de systèmes planétaires semblables au nôtre, et qui paraissent terminer de toutes parts le vaste et merveilleux Univers..... Quel tableau à la fois imposant et sublime nous offre le ravissant spectacle de la Nature ! Combien il nous montre et nous prouve, jusqu'à l'évidence, la grandeur infinie et la toute-puissance de son Créateur.

LEÇON VIIe.

DES PRINCIPAUX PHÉNOMÈNES CÉLESTES.

Mouvement diurne du ciel. — Mouvement annuel du soleil. — Orbite apparente de cet astre. — Sa rotation. — Phénomènes semblables présentés par les planètes. — Preuves de la rotation de la Terre. — Conjonction et opposition des planètes avec le soleil. — Différens états des planètes. — Phases de la Lune.

Mouvement diurne du Ciel.

110. Ce mouvement est celui qui paraît entraîner tous les corps célestes autour de l'axe du Monde, en allant d'orient en occident.

Dans ce mouvement, on observe que tous les astres décrivent, en 24 heures, des cercles parallèles à l'équateur, et dont la grandeur diminue à mesure qu'ils s'approchent des pôles qui sont immobiles.

111. Le mouvement diurne du Ciel n'est qu'apparent ; il est causé par celui de la Terre, en vertu duquel cette planète emploie un jour à tourner sur elle-même.

Mouvement annuel du Soleil.

112. Indépendamment du mouvement diurne, le Soleil paraît encore animé d'un second mouvement qui fait que nous le voyons parcourir 360 degrés, en allant d'occident en orient, dans l'espace d'une année, et qu'on nomme pour cette raison *mouvement annuel.*

113. Ce mouvement n'est pas plus réel que le premier; il est dû à la révolution sidérale de la Terre, qui a lieu en 365 jours 6 h. 6′ 11″ (60).

Orbite apparente du Soleil.

114. Dans le même temps que la Terre emploie à parcourir son orbe tout entier, le Soleil paraît aussi en décrire un semblable dans le ciel, auquel on a donné le nom d'*écliptique*. On l'imagine formé par l'intersection de la sphère céleste avec le plan de l'écliptique (33).

Mouvement du Soleil sur son axe.

115. Les taches noires et irrégulières que l'on aperçoit souvent sur la surface du Soleil nous expliquent le phénomène de la rotation du Soleil sur son axe. En effet, si ce mouvement n'existait pas, le le Soleil ne tournerait successivement toute sa surface vers la Terre qu'une fois dans le cours de l'année; mais il n'en est pas ainsi, et l'observation suivie de ces taches prouve l'existence de ce mouvement, en nous apprenant que le Soleil montre sa surface entière aux habitans de la Terre dans l'espace de 25 jours $\frac{1}{2}$.

Rotation des Planètes.

116. Mars, Jupiter et Vénus nous présentent des phénomènes semblables à celui que nous offre le Soleil; on remarque sur leur surface des taches animées d'un mouvement très-sensible, qui atteste leur mouvement de rotation.

117. On a déterminé récemment les rotations de Mercure et de Saturne; celles de Vesta, Junon, Cérès, Pallas et Uranus ne sont pas encore connues. L'extrême éloignement d'Uranus empêche d'y observer des taches, et les autres planètes se trouvent situées de manière que les leurs ne sont pas visibles; en sorte qu'on ne peut encore constater la rotation de ces planètes. Mais l'analogie, ce lien puissant qui unit toutes les parties de l'univers, porte à croire que ces cinq planètes jouissent, comme les autres, d'un mouvement de rotation.

118. La Terre tourne sur son axe en 23 h. 56′ 4″; et pendant que le spectateur placé sur sa surface est transporté avec elle, il se croit en repos, et tous les corps célestes lui paraissent animés d'un mouvement plus ou moins rapide, qui produit le phénomène dont nous avons parlé (110).

Preuve de la rotation de la Terre.

119. Pour que la Terre fût immobile au centre du Monde, il faudrait que tous les astres fissent leur révolution autour de nous dans l'espace d'un jour. Ils seraient animés d'une vitesse qui effraie l'imagination la plus hardie ; le Soleil décrirait la circonférence d'un cercle qui aurait un rayon de 35 millions de lieues, ce qui suppose une vitesse d'environ 2500 lieues par seconde. Celle des étoiles excéderait 500 millions de lieues, puisque leur distance à la Terre est au moins de 7 trillions de lieues (94).

La rotation de la Terre n'exige pas une grande vitesse, car les différens points de son équateur ne parcourent que 9000 lieues en 23 h. 56′ 4″, ou 238 toises par seconde. D'ailleurs, ce mouvement explique tous les phénomènes avec tant de simplicité, qu'on serait forcé de l'admettre, quand même il ne serait pas bien démontré.

Conjonction et opposition des planètes avec le Soleil.

120. On dit qu'une planète est en *conjonction* avec le Soleil, quand on voit ces deux astres correspondre au même point du Ciel. L'*opposition* a lieu, chaque fois que la planète et le Soleil répondent à deux points opposés du ciel par rapport à la Terre, et éloignés l'un de l'autre de 180 degrés.

121. Puisque l'orbite de la Terre embrasse celles des planètes inférieures (51), la Terre ne peut jamais se trouver entre le Soleil et ces planètes ; delà il suit que les planètes inférieures ne sont jamais en opposition avec le Soleil.

122. Les planètes inférieures étant moins distantes du Soleil que la Terre, elles achèvent leurs révolutions dans un temps plus court ; ainsi elles passent entre la Terre et le Soleil, et se meuvent ensuite au-delà de cet astre par rapport à nous. Elles se trouvent donc deux fois en conjonction avec le Soleil pendant leur révolution sidérale, savoir : 1.° lorsqu'elles sont entre le Soleil et la Terre ; 2.° quand le Soleil est entre la Terre et les planètes.

La première est appelée *conjonction inférieure ;* la seconde se nomme *conjonction supérieure.*

Différens états des planètes.

123. Lorsque, placé sur la Terre, on observe la marche d'une planète pendant sa révolution autour du Soleil, il est facile de s'apercevoir que son mouvement éprouve des variations singulières. Il y a des momens où la planète s'avance d'occident en orient ; alors on dit qu'elle est *directe.* Quelque temps après, elle nous paraît immobile et répondre toujours au même point du Ciel ; dans

cet état, on la nomme *stationnaire*, et le temps pendant lequel il dure prend le nom de *station*. Enfin, nous la voyons aller d'orient en occident, et on l'appelle *rétrograde*.

124. Une planète supérieure est *rétrograde*, lorsqu'elle est en opposition avec le Soleil ; elle est *directe* vers le temps de la conjonction, *stationnaire* avant et après l'opposition.

125. Les planètes supérieures sont *rétrogrades* vers le temps de leur conjonction inférieure, *directes* dans leur conjonction supérieure, *stationnaires* entre les deux conjonctions.

126. Le *mouvement rétrograde* et l'*état stationnaire* des planètes ne sont qu'apparens et causés par le mouvement de la Terre.

Révolution synodique de la Lune.

127. On donne le nom de *révolution synodique* ou de *mois lunaire* au temps qui s'écoule entre deux conjonctions consécutives de la Lune avec le Soleil. Sa durée est de 29 jours 17 h. 44′ 3″.

Quand la Lune a parcouru 360 degrés, elle ne retrouve pas le Soleil au point qu'il l'avait quittée ; cet astre s'est avancé vers l'orient d'environ 27 degrés, et la conjonction n'arrive qu'après deux jours et quelques heures, temps qui exprime la différence entre les durées des révolutions synodique et sidérale (78) de la Lune.

Des phases de la Lune.

128. Les *phases* de la Lune sont les différens aspects que cet astre nous présente pendant le cours de sa révolution synodique.

129. On en distingue quatre principales, qui sont : la *nouvelle Lune* ou la *conjonction*. le *premier quartier*, la *pleine Lune* ou *l'opposition*, et le *dernier quartier*.

EXPLICATION.

Première phase. Lorsque la Lune est en conjonction avec le Soleil, son hémisphère éclairé n'est pas tourné vers la Terre, et dans ce point la Lune est tout-à-fait invisible ; c'est la *nouvelle Lune*.

Deuxième phase. Pendant que la Lune est portée dans son orbite de la conjonction à l'opposition, l'hémisphère éclairé, qui est toujours du côté du Soleil, commence à se faire apercevoir de la Terre, d'abord sous la forme d'un faible croissant lumineux, qui s'accroît sensiblement de jour en jour, et dont les pointes sont tournées vers l'orient. Arrivée au quart de sa course, c'est-à-dire, après avoir parcouru 90 degrés, elle présente la moitié de son disque éclairé ; alors la Lune est dite dans son *premier quartier*.

Troisième phase. Cet astre continuant à s'éloigner du Soleil, sa partie lumineuse augmente de plus en plus, et devient un cercle entier de lumière lorsqu'il se trouve en opposition avec le Soleil. Cet aspect se nomme la *pleine Lune.*

Quatrième phase. Quand ensuite, se rapprochant du Soleil, la Lune ne montre plus que la moitié de son disque lumineux, elle a décrit les trois quarts de son orbite, et nous avons le *dernier quartier.*

Ce demi-cercle devient après un croissant qui diminue jusqu'à ce que la Lune arrive de nouveau à la conjonction, où elle est invisible, et ses phases recommencent alors avec sa révolution.

La figure 5 offre l'image de toutes ces variations.

Syzigies. Quadratures. Lumière cendrée.

130. On appelle *syzigies* les points de l'orbe de la Lune où cet astre se trouve en conjonction et en opposition avec le Soleil, c'est-à-dire ceux dans lesquels on a la *nouvelle* et la *pleine Lune.* La droite qui joint ces deux points se nomme la *ligne des syzigies.*

131. Les *quadratures* sont les points de l'orbite où la Lune est dans son *premier* et son *dernier quartier.* La droite que l'on imagine menée de l'un à l'autre de ces points s'appelle *ligne des quadratures.*

132. On donne le nom de *lumière cendrée* à la faible clarté que l'on observe sur la partie obscure de la Lune, quelques jours avant et après la conjonction, et qui nous laisse apercevoir encore cette partie du disque lunaire privée de la lumière du Soleil.

133. Ce phénomène est dû à la lumière que l'hémisphère éclairé de la Terre réfléchit sur la Lune; et ce qui le prouve, c'est qu'il est plus sensible vers la nouvelle Lune, quand une plus grande partie de cet hémisphère est dirigée vers cet astre.

LEÇON VIIIe.

SUITE DES PHÉNOMÈNES CÉLESTES.

Ce qu'on entend généralement par éclipses. — Des Éclipses de Lune. Phénomènes que présente quelquefois la Lune quand elle est éclipsée. — Des Éclipses de Soleil. — Image des éclipses totales de Soleil. Spectacle imposant qu'elles présentent. — Moyen de prédire le retour des éclipses.

Des Éclipses.

134. On nomme *éclipse* l'obscurcissement total ou partiel d'un astre qui, un instant auparavant, brillait aux regards de l'observateur placé sur la surface de la Terre.

Éclipses de Lune.

135. La Lune ne peut s'éclipser que par l'interposition d'un corps opaque qui lui dérobe en tout ou en partie la lumière du Soleil, et il est visible que ce corps est la Terre, puisque les éclipses de Lune n'arrivent jamais que dans ses oppositions, c'est-à-dire, lorsque la Terre se trouve placée entre cet astre et le Soleil.

Le globe terrestre projette derrière lui, relativement au Soleil, un cône d'ombre dont l'axe est sur la droite qui joint les centres de la Terre et du Soleil, et qui se termine au point où les diamètres apparens de ces deux corps sont les mêmes. Or, on a trouvé que le cône d'ombre terrestre a une longueur au moins trois fois et demie plus grande que la distance de la Lune à la Terre, et que sa largeur, aux points où il est traversé par la Lune, surpasse le double du diamètre lunaire. Il est donc évident qu'il y aurait éclipse de Lune toutes les fois qu'elle est en opposition avec le Soleil, si le plan de son orbe et celui de l'écliptique se confondaient ensemble; mais à cause de l'inclinaison de ces plans, qui peut varier depuis 0° jusqu'à 4° 30', il arrive que la Lune dans ses oppositions est souvent élevée au-dessus, ou abaissée au-dessous du cône d'ombre terrestre; de sorte qu'elle n'y pénètre réellement que quand elle passe par ses nœuds ou près de ses nœuds.

136. Si le disque de la Lune ne s'enfonce qu'en partie dans l'ombre de la Terre, l'éclipse est *partielle;* s'il y pénètre entièrement, elle est *totale;* enfin l'éclipse est *centrale*, lorsque le centre de la Lune coïncide avec un point de l'axe même du cône d'ombre; ce qui ne peut avoir lieu que quand cet astre, en opposition avec le Soleil, se trouve dans un de ses nœuds.

Ces trois cas sont représentés par la figure 6.

137. Pour estimer la grandeur d'une éclipse lunaire, les astronomes divisent le diamètre de la Lune en douze parties égales, qu'ils appellent *doigts;* c'est-à-dire que le disque de l'astre est supposé divisé en douze bandes parallèles d'égale largeur, et chacune en 60 minutes. Ainsi, quand on dit qu'une éclipse est de quatre doigts, cela signifie que le tiers du diamètre de la lune est éclipsé.

Lorsque le diamètre de l'ombre terrestre que traverse la Lune surpasse celui de ce satellite, alors la quantité de l'éclipse est de plus de douze doigts. Par exemple, si le diamètre de la Lune est à celui de l'ombre dans le rapport de 4 à 7, ou de 12 à 21, l'éclipse lunaire sera de 21 doigts; ce qui exprime que quand le diamètre de la lune aurait vingt-une parties égales à celles dont il en contient douze, l'éclipse serait encore totale. Dans ce cas, il faut que la trace que suit le centre de la lune dans l'ombre de la Terre, surpasse le diamètre de la Lune de neuf doigts.

138. Les éclipses de Lune offrent quelques phénomènes généraux que nous allons rapporter.

1°. Toutes les éclipses lunaires complètes ou visibles dans les différentes parties de la Terre alors éclairées par la Lune, ont partout une égale grandeur, le même commencement et la même fin.

2°. Dans toutes les éclipses de Lune, le côté oriental de l'astre est celui qui s'enfonce dans l'ombre terrestre et qui en sort le premier; c'est le côté gauche de la Lune quand nous la regardons du nord : par le mouvement propre de ce Satellite, qui est plus rapide que celui de l'ombre de la Terre, la Lune approche de l'ouest, l'atteint et la passe, son bord oriental le premier, laissant l'ombre derrière ou du côté de l'ouest.

3°. Les éclipses totales et les plus longues arrivent dans les nœuds de l'écliptique, parce que la section de l'ombre de la Terre sur la Lune est plus grande que son disque; l'éclipse est alors de plus de 12 doigts. Il peut cependant y avoir des éclipses totales à une petite distance des nœuds; mais leur durée diminue à mesure qu'elles en sont plus éloignées, jusqu'à ce qu'elles deviennent partielles, et qu'enfin la Lune échappe à l'ombre.

4.° La durée des éclipses lunaires varie suivant la longitude du lieu d'observation; mais elle n'excède jamais deux heures.

139. Lorsque la Lune est entièrement éclipsée, elle ne cesse pas toujours d'être visible; on la voit quelquefois sous une couleur rougeâtre et semblable à celle d'un fer ardent qui commence à s'éteindre.

Ce phénomène est produit par les rayons solaires qui vont frapper la surface de cette planète, après avoir été réfractés et réfléchis par l'atmosphère terrestre.

La lumière qui éclaire la Lune dans cette circonstance est plus considérable dans les éclipses apogées que dans les éclipses périgées, parce qu'alors les vapeurs et les nuages peuvent l'affaiblir au point de rendre cet astre tout-à-fait invisible pendant la durée de l'éclipse.

Éclipses de Soleil.

140. Lorsque dans la conjonction du Soleil et de la Lune, ce satellite, placé entre le Soleil et la Terre, nous dérobe en tout ou en partie la lumière solaire, on dit qu'il y a *éclipse de Soleil.*

Quoique la Lune soit incomparablement plus petite que le Soleil, il y a cependant très-peu de différence entre les diamètres apparens de ces deux astres, parce que la distance du Soleil au centre de la Terre est infiniment plus grande que la distance de la Lune à ce même centre; et comme, selon que les distances varient, le rapport des diamètres apparens du Soleil et de la Lune change, il arrive quelquefois que ces diamètres sont égaux, et même qu'ils se surpassent alternativement l'un l'autre.

Cela posé, imaginons un observateur placé sur la ligne droite qui joint les centres du Soleil et de la Lune, il verra le Soleil éclipsé. Si le diamètre apparent de la Lune surpasse celui du Soleil, l'éclipse sera *totale*. Si ces diamètres sont égaux, l'ombre de la Lune se terminera à la surface de la Terre, et l'éclipse sera *centrale*; mais si, par l'effet de l'éloignement, le diamètre lunaire est le plus petit, l'observateur verra un anneau lumineux formé par la partie du Soleil qui déborde le disque de la Lune, et l'éclipse sera *annulaire*. Enfin, si le centre de la Lune ne se trouve pas sur la droite qui joint l'observateur et le centre du Soleil, il pourra arriver qu'une portion du disque éclairé soit visible, et que l'autre soit cachée; alors l'éclipse sera *partielle*.

La figure 7 offre l'image de ces différentes circonstances.

Ainsi, les éclipses de Soleil doivent présenter de fréquentes variétés, qui dépendent des distances du Soleil et de la Lune au centre de la Terre, et de la plus ou moins grande proximité de la Lune à ses nœuds au moment de ses conjonctions.

141. Les éclipses solaires ne sont pas visibles dans tous les points de la surface terrestre où l'on peut voir le Soleil; elles diffèrent encore dans les lieux où on les aperçoit. Il n'en est pas ainsi des éclipses de Lune, qui sont les mêmes pour tous les endroits de la Terre dans lesquels cet astre peut être vu au moment où elles arrivent. Cette différence entre les éclipses solaires et les éclipses lunaires dépend de ce que, dans celles-ci, la Lune souffre une privation de lumière, qui doit être sensible partout et semblablement sur la surface terrestre; tandis que dans les éclipses de Soleil, la lumière dont brille cet astre n'éprouve aucune altération, elle est seulement interceptée par la Lune; et comme ce satellite ne peut, par sa petitesse, intercepter la lumière solaire à tous les habitans de la Terre, il s'ensuit que les éclipses de Soleil ne doivent pas être visibles dans tous les points de sa surface.

142. La grandeur d'une éclipse solaire s'estime en doigts comme celle d'une éclipse lunaire.

Image des éclipses totales de Soleil.

143. On voit souvent l'ombre d'un nuage emporté par les vents parcourir rapidement les coteaux et les plaines, et dérober aux spectateurs qu'elle atteint la vue du Soleil dont jouissent ceux qui sont au-delà de ses limites : c'est l'image exacte des éclipses totales de Soleil.

Spectacle imposant qu'une éclipse totale de Soleil offre à l'observateur.

144. Après la subite disparition du Soleil, la clarté est entièrement détruite, et dépaisses ténèbres succèdent pendant quelques minutes à l'éclat du jour ; on ne voit pas où pouvoir mettre le pied ; le Ciel paraît comme dans une nuit sombre ; les étoiles brillent au firmament, et on n'aperçoit autour du disque invisible de la Lune qu'une sorte d'auréole pâle et argentée, que les uns ont attribuée à la lumière zodiacale et les autres à l'atmosphère du Soleil. Les animaux, saisis d'effroi, sont plongés dans la consternation. Les oiseaux cessent leurs chants, et retombent vers la Terre en cherchant leurs retraites. Les hommes mêmes sont frappés de terreur. Enfin, après une nuit de cinq minutes, l'astre reparaît éclatant de lumière et avec une majesté dont son lever n'est qu'une image imparfaite.

Dans des circonstances favorables, cette obscurité peut durer au-delà de cinq minutes ; mais aussitôt que la plus petite partie du Soleil se découvre, elle lance un trait de lumière très-vif, qui la dissipe entièrement.

Moyen de prédire le retour des éclipses.

145. La durée moyenne d'une révolution du Soleil, par rapport au nœud de l'orbe lunaire, est de 346 jours 14 h. 52′ 16″ ; elle est à la durée d'une révolution synodique de la Lune, à peu près dans le rapport de 223 à 19. Ainsi, après une période de 223 mois lunaires, ou tous les 18 ans et 11 jours, le Soleil et la Lune se retrouvent à la même position relativement au nœud de l'orbe lunaire ; les éclipses doivent donc revenir dans le même ordre : ce qui donne un moyen simple de les prédire, puisqu'elles n'exigent qu'environ 18 ans d'observations et le soin d'écrire les résultats avec ordre. Mais les inégalités du mouvement du Soleil et de la Lune y causent des différences sensibles qui augmentent encore, parce que le retour de ces deux astres à la même position par rapport au nœud, dans l'intervalle de 223 lunaisons, n'est pas rigoureux ; ensorte que ces circonstances changent à la longue l'ordre des éclipses observées pendant une de ces périodes, qui doit conséquemment

exiger des corrections. Aussi ne peut-on regarder ce moyen de former des tables d'éclipses que comme une approximation.

Les Chaldéens connurent cette période; ils s'en servaient au même usage, et lui donnèrent le nom de *Saros*. Ce fut elle peut-être qui servit à Thalès pour prédire aux Ioniens l'éclipse totale de Soleil qui arriva pendant la guerre des Lydiens et des Mèdes, éclipse dont nous avons déjà parlé dans la première Leçon.

LEÇON IXe.

SUITE DES PHÉNOMÈNES CÉLESTES.

Des circonstances générales qui accompagnent les Éclipses solaires.— Éclipses des planètes et de leurs satellites. — Utilité qu'on en retire. — Description d'une Éclipse totale de Soleil. — De l'effroi causé par les Éclipses et de leurs influences superstitieuses.

Phénomènes généraux des Éclipses solaires.

146. Dans les éclipses de Soleil on remarque les circonstances générales suivantes:

1.° Aucune n'est universelle, c'est-à-dire n'embrasse la totalité de l'hémisphère qu'éclaire le Soleil. L'ombre de la Lune ne couvre ordinairement qu'une partie de la surface de la Terre, qui équivaut à 289683 mètres de large, comme l'indique la fig. 8, quand la distance du Soleil est à son maximum et celle de la Lune à son minimum; mais son ombre partielle ou pénombre peut couvrir un espace circulaire de 7885715 mètres de diamètre, dans lequel on voit le Soleil plus ou moins éclipsé, suivant que les lieux sont plus ou moins au centre de la pénombre. Dans ce cas, l'axe de l'ombre passe par le centre de la Terre où la nouvelle Lune arrive exactement dans le nœud, et il est évident alors que la section de l'ombre est circulaire; mais dans tout autre cas, l'ombre conique se trouve coupée obliquement par la surface de la Terre, et la section devient elliptique.

2.° Une éclipse de Soleil ne paraît pas la même dans toutes les parties de la Terre où elle est vue, et si elle est totale dans un lieu, elle n'est que partielle dans un autre.

3.° L'éclipse solaire n'arrive pas en même temps dans tous les lieux où on peut la voir; elle se montre d'abord dans les parties de l'Ouest, gagne peu à peu celles de l'Est, parce que le mouvement de la Lune, et conséquemment son ombre, va de l'Ouest à l'Est.

4.° Les éclipses solaires commencent toujours par l'occident, parce que la Lune, qui les cause, se meut d'occident en orient, et marche plus vite que la Terre.

Des Éclipses des Planètes et de leurs Satellites.

147. Par tout ce qui a été dit sur les éclipses de Lune et de Soleil, on conçoit sans peine que toutes les planètes, telles que Jupiter ou Saturne, soient éclipsées par leurs satellites et qu'ils les éclipsent à leur tour.

148. Les éclipses des quatre satellites de Jupiter sont remarquables par leur fréquence. Le plus éloigné de ces satellites est éclipsé tous les 17 jours; le 3.ᵉ l'est chaque 7 j. $\frac{1}{6}$; le 2.ᵉ chaque 3 j. $\frac{1}{2}$; et le 1.ᵉʳ ou le plus rapproché de la planète, est éclipsé périodiquement après 1 j. $\frac{2}{3}$ environ.

Usages des Éclipses.

149. Les éclipses de Lune et de Soleil servent à la chronologie; et toutes en général, mais principalement celles de la Lune et des satellites de Jupiter, sont employées avec avantage pour déterminer les longitudes géographiques.

Description d'une Éclipse totale de Soleil.

(Extrait d'une lettre de Stukely à son ami Halley.)

« Je choisis pour lieu d'observation un endroit appelé Haradon-Hill, à deux milles d'Amsbury et à l'est de l'avenue de Stonehenge, à laquelle il sert de point de vue. En face se trouve la plaine où est situé cet édifice célèbre, sur lequel je savais que se dirigeait l'éclipse solaire. J'avais en outre l'avantage d'une perspective très-étendue en tous sens, étant placé sur la colline la plus élevée des environs, et la plus voisine du centre de l'ombre. A l'ouest, au-delà de Stonchenge, est une autre colline assez escarpée, semblable au sommet d'un cône, qui s'élève au-dessus de l'horizon; c'est Clay-Hill, lieu voisin de Warminster, et situé près de la ligne centrale de l'obscurité qui devait partir de ce point, de manière que je pouvais être prévenu assez à temps de son approche. J'avais avec moi Abraham Sturgis et Etienne Ewens, tous deux habitans du pays et gens d'esprit. Le ciel, quoique couvert de nuages, laissait percer çà et là des rayons de soleil qui me permettaient de voir autour de nous. Mes deux compagnons regardaient par des verres noircis, tandis que je prenais quelques relèvemens du pays. Il était cinq heures et demie à ma montre quand on m'avertit que l'éclipse était commencée. Nous en suivîmes, en conséquence, le progrès à l'œil nu, attendu que les nuages faisaient l'office de verres colorés. Au moment où le soleil était à moitié couvert, il présentait à sa circonférence un arc-en-ciel circulaire très-sensible, avec des couleurs parfaites. A mesure que l'obscurité croissait, nous voyions de toutes parts les bergers qui se hâtaient de faire rentrer leurs troupeaux dans le parc; car ils s'attendaient à une éclipse totale d'une heure et un quart de durée.

« Quand le soleil prit l'aspect d'une nouvelle lune, le ciel était assez clair; mais il se couvrit bientôt d'un nuage plus épais. L'arc-en-ciel s'évanouit alors; la colline escarpée dont nous avons parlé devint très-obscure; et des deux côtés, c'est-à-dire au nord et au sud, l'horizon prit une teinte bleue analogue à celle qu'il présente dans l'été au déclin du jour. A peine eûmes-nous le temps de compter jusqu'à dix, que le clocher de Salisbury, qui est situé à six milles au Sud, fut plongé dans les ténèbres. La colline disparut entièrement, et la nuit la plus sombre se répandit autour de nous; nous perdîmes de vue le Soleil dont nous avions pu jusque-là distinguer la place parmi les nuages, mais dont nous ne trouvions pas plus de trace que s'il n'eût pas existé. Ma montre, que je ne pus voir que difficilement à l'aide de quelque lumière qui nous venait du nord, marquait 6 heures 35 minutes. Peu auparavant la voûte du ciel et la surface de la terre avaient pris une teinte livide, à proprement parler; car c'était un mélange de noir et de bleu, si ce n'est que le dernier dominait sur la terre et à l'horizon. Il y avait aussi beaucoup de vert entremêlé dans les nuages, de manière que l'ensemble présentait un tableau effrayant, et qui semblait annoncer la décadence de la nature.

« Nous étions maintenant enveloppés d'une obscurité totale palpable, si je puis l'appeler ainsi. Elle vint vite; mais j'étais si attentif que je pus en apercevoir les progrès. Elle nous fit l'effet d'une pluie, et nous tomba sur l'épaule gauche (nous regardions à l'ouest), comme un grand manteau noir ou une couverture de lit qu'on eût jeté sur nous, ou un rideau qu'on eût tiré de ce côté. Les chevaux, que nous tenions par la bride, y furent très-sensibles et se serraient près de nous, saisis d'une grande surprise. Autant que je pus le voir, le visage de nos voisins avait un aspect horrible. En ce moment je regardai autour de moi, non sans pousser des cris d'admiration. Je distinguai des couleurs dans le ciel, mais la terre avait perdu sa teinte bleue et était entièrement noire; quelques rayons sillonnèrent les nues pendant un moment; mais immédiatement après le ciel et la terre parurent tout à fait noirs. C'était le spectacle le plus effrayant que j'eusse vu de ma vie.

« Au nord-ouest du lieu d'où venait l'éclipse, il me fut impossible de faire la moindre distinction entre le ciel et la terre, dans une largeur d'environ 60 degrés ou plus. Nous cherchions en vain la ville d'Amsbury, qui était située au-dessous de nous; à peine si nous voyions la terre qui nous portait; je me tournai plusieurs fois pendant cette obscurité totale, et je remarquai qu'à une bonne distance à l'ouest, l'horizon était parfait des deux côtés, c'est-à-dire au nord et au sud; la terre était noire, et la partie inférieure du ciel claire; l'obscurité, qui s'étendait presqu'à l'horizon dans ces parties, faisait sur nos têtes l'effet d'un dais orné de franges d'une couleur plus légère; de manière que les bords supérieurs de toutes les collines que je reconnaissais parfaitement à leur forme et à leur profil, formaient une ligne noire; je vis parfaitement que l'intervalle de lumière et de ténèbres que l'horizon présentait au nord était entre Martinsal et Sainte-Anne; mais au sud il était moins défini. Je ne veux pas dire que la ligne de l'ombre passait entre ces deux collines qui étaient à douze milles de nous, mais aussi loin que je pus distinguer l'horizon. Il n'y en avait pas du tout derrière. En voici la raison: l'élévation du terrain sur lequel j'étais me permit de voir la lumière du ciel au-delà de l'ombre; néanmoins cette ligne de lumière que je voyais jaunâtre et verdâtre, était plus large au nord qu'au sud où elle présentait une couleur de terre. Il faisait à cette époque trop noir derrière nous, c'est-à-dire à l'est, en tirant vers Londres, pour que je pusse voir les collines situées au-delà d'Andover; car l'extrémité antérieure de l'ombre dépassait cet endroit. L'horizon se trouvait donc alors divisé en quatre parties qui différaient entre elles d'étendue, de lumière et d'obscurité. La plus large et la plus noire était au nord-ouest. Tout le changement que je pus apercevoir pendant toute la durée du phénomène, fut que l'horizon se divisa en deux parties, l'une claire, l'autre obscure. L'hémisphère septentrional acquit encore plus de longueur, de clarté et de largeur, et les deux parties opposées se réunirent.

« Ainsi que l'avait fait l'ombre au commencement, la lumière partit du nord et se fit sentir sur notre épaule droite. Je ne pus, à la vérité, distinguer de ce côté ni lumière, ni ombre définie sur la terre que j'observais avec attention; mais il était évident qu'elle ne revenait que peu à peu en faisant des oscillations; elle rebroussait un peu, se portait rapidement plus loin, jusqu'à ce qu'enfin, au premier point brillant qui parut dans le ciel, à l'endroit où se trouvait le soleil, je distinguai assez clairement un bord de lumière, qui nous effleura le côté pendant assez long-temps, ou nous rasa les coudes de l'ouest à l'est. Ayant donc bonne raison de supposer l'éclipse terminée pour nous, je regardai ma montre, et trouvai que l'aiguille avait parcouru trois minutes et demie. Le sommet des collines reprit alors sa couleur naturelle, et je vis un horizon à l'endroit où se trouvait auparavant le centre d'obscurité. Mes compagnons s'écrièrent qu'ils revoyaient le coteau escarpé sur lequel ils avaient porté des yeux attentifs. Il resta, à la vérité, encore noir au sud-est; mais je ne veux pas dire que l'horizon fut toujours difficile à découvrir. Nous entendîmes immédiatement les alouettes qui célébraient par leur chant le retour de la lumière, après que tout eut été enseveli dans un silence profond et universel : le ciel et la terre parurent alors comme le matin, avant le lever du soleil. Le premier prit une teinte grisâtre entremêlée d'un peu plus de bleu; la seconde, aussi loin que ma vue put s'étendre, en prit une vert foncé ou rousse.

« Aussitôt que le soleil parut, les nuages s'épaissirent, et la lumière n'en devint guère plus vive pendant une ou plusieurs minutes, ainsi que cela arrive dans une matinée nuageuse qui avance lentement. A l'instant où l'éclipse a été totale, jusqu'au moment de l'émersion du soleil, nous vîmes distinctement Vénus, mais aucune autre étoile. Nous aperçûmes en ce moment le clocher de Salisbury. Les nuages ne se dissipant pas, nous ne pûmes pousser plus loin nos observations. »

Des craintes que causaient les Éclipses, et de leurs influences superstitieuses.

L'histoire renferme une foule d'exemples de l'effroi causé par les éclipses et de leurs influences superstitieuses, mises à profit par des hommes habiles, toujours préjudiciables à l'ignorance, et quelquefois à des nations entières.

Nicias, général des Athéniens, avait résolu de quitter la Sicile avec son armée; une éclipse de lune, dont il fut frappé, lui fit perdre l'occasion de la retraite; son armée fut détruite, Nicias périt, et ce malheur commença la ruine d'Athènes.

Hérodote parle d'une éclipse totale qui parut au printemps de l'an 480, et qui, ayant éteint la lumière du Soleil, causa des ténèbres égales à celles de la nuit dans un temps où le ciel était pur et sans nuages. Cette obscurité interrompit la marche de l'armée de Xercès dans l'Asie mineure, et obligea ce prince de consulter les mages persans sur la signification de ce prodige. Les Grecs, de leur côté, ne furent pas moins effrayés: Cléombrote, général des Lacédémoniens, qui présidait à la construction du retranchement entrepris pour fermer aux Perses l'entrée du Péloponèse, offrait alors un sacrifice; frappé de ce présage effrayant, il abandonna l'armée pour se retirer à Sparte, où il mourut peu de jours après.

On voit au contraire des hommes supérieurs, plutôt que de plier sous les circonstances qui les maîtrisent, mettre leur art à les tourner à leur profit.

Périclès, prêt à faire partir sa flotte pour une grande expédition, se voyant arrêté par une éclipse solaire, étendit son manteau devant les yeux du pilote, que l'épouvante empêchait de manœuvrer : « Trouves-tu, lui dit-il, que cela soit un signe de malheur? — Non, sans doute, répondit le pilote. — Quel événement sinistre peut donc te présager le corps qui te cache le soleil, répartit Périclès, puisqu'il n'a d'autre propriété que d'être plus grand que mon manteau? »

Agathoclès, roi de Syracuse, ne se montra pas moins habile que Périclès. Débarqué en Afrique, où, malgré toutes ses belles paroles, il ne pouvait rassurer ses soldats qu'une éclipse de soleil avait épouvantés, Agathoclès changea de méthode, et, feignant de comprendre le prodige: « Je conviens, « camarades, leur dit-il, que si l'éclipse eût été aperçue avant notre « embarquement, nous serions dans une situation bien critique; mais nous « ne l'avons vue qu'après notre départ: et comme elle signifie toujours un « changement de l'état présent des choses, il en résulte que nos affaires, « très mauvaises en Sicile, vont s'améliorer, tandis que nous ruinerons « indubitablement celles des Carthaginois, jusqu'alors très-florissantes. »

Alexandre, près d'Arbelles, est contraint d'user de toute son adresse pour calmer la terreur qu'une éclipse de lune avait jetée parmi ses troupes : il leur fit dire par le devin Aristandre que le soleil était l'astre des Grecs, la lune celui des Perses, et que ce phénomène présageait la ruine de l'ennemi.

Dans des temps moins éloignés, Christophe Colomb, commandant l'armée d'Espagne envoyée par Ferdinand à la Jamaïque et réduit à faire subsister ses soldats des dons volontaires d'une nation sauvage, était près de voir tarir cette seule ressource et de périr de faim ; il annonce qu'il va priver le pays de la lumière de la lune. L'éclipse commence, et la terreur s'empare des Indiens insulaires, qui reviennent apporter aux pieds de Colomb les tributs accoutumés.

Combien de fables établies d'après l'opinion que les éclipses sont l'effet du courroux céleste, qui se venge des iniquités de l'homme en le privant de la lumière! Tantôt Diane va trouver Endymion dans les montagnes de

Carie; tantôt les magiciens de Thessalie font descendre la Lune sur les herbes qu'ils destinent aux enchantemens.

Ici, c'est un dragon qui dévore l'astre et qu'on cherche à épouvanter par des cris; là, Dieu tient le soleil enfermé dans un tuyau, et nous ôte ou nous rend la vue de cet astre à l'aide d'un volet; etc.

Le progrès des sciences a fait connaître le ridicule de ces opinions et de ces craintes, depuis qu'on a vu qu'il était possible de calculer par les tables astronomiques, et de prévoir long-temps d'avance l'instant où la colère du Ciel devait éclater. Cependant naguère encore, l'épouvante a causé le révers des armées de Louis XIV, près Barcelonne, lors de l'éclipse totale de 1706.

LEÇON X.

DE LA SPHÈRE CÉLESTE.

La Sphère céleste. — Son centre. — Son axe. — Ses pôles. — Ses cercles — Lieux des astres. — Zénith et Nadir. — Division de l'écliptique céleste et du zodiaque en douze signes ou maisons du Soleil. — Ce qu'on entend par la précession des Équinoxes — Des cercles diurnes.

La Sphère céleste.

150. On nomme *Sphère céleste* cette étendue infinie, parsemée d'une multitude de points étincelans, qui environne la Terre.

Son centre. Son axe. Ses pôles.

151. La sphère céleste, dont notre globe peut être considéré comme le centre, paraît tourner autour d'une ligne imaginaire qu'on appelle *axe du monde*. Les points supérieurs et inférieurs où cette ligne semble rencontrer la voûte céleste, se nomment *pôles;* le premier, qui se trouve au-dessus de nous, prend le nom de *pôle boréal*, *septentrional* ou *arctique;* l'autre, que nous ne pouvons apercevoir, s'appelle *pôle austral*, *méridional* ou *antarctique*.

152. Le diamètre de l'écliptique est si petit, comparativement à celui de la sphère céleste, que le centre de celle-ci ne souffre pas de changement sensible dans toutes les positions où se trouve successivement l'observateur pendant le cours de la révolution de la Terre; d'où il résulte qu'en tout temps et pour chaque point de la surface du globe, ses habitans ont les mêmes apparences de la sphère céleste; c'est-à-dire, que les étoiles fixes leur paraissent constamment occuper la même place.

Pour juger de la situation d'un astre, on conçoit une ligne droite menée de l'œil de l'observateur, ou du centre de la terre, à celui de l'astre, et prolongée jusqu'à ce qu'elle rencontre la surface apparente de la sphère céleste; le point où la ligne semble se terminer est le lieu apparent de cet astre.

Des cercles de la Sphère céleste.

153. Afin de mieux déterminer les lieux des astres dans le ciel, on a imaginé différens cercles qu'on appelle *cercles de la Sphère céleste*, ou simplement *cercles de la Sphère.*

154. Ces cercles sont *grands* ou *petits*, suivant que leurs plans passent par le centre de la Sphère, ou qu'ils n'y passent pas.

155. On distingue principalement six *grands cercles* et quatre *petits :* les premiers sont l'Horizon, l'Équateur, le Méridien, l'Écliptique et les Colures; les quatre autres sont les deux Tropiques et les deux Polaires.

De l'Horizon.

156. L'*horizon* est un grand cercle de la Sphère céleste dont le plan prolongé indéfiniment sépare la partie visible du ciel de celle qui le cache à nos regards (39).

157. Il y a deux sortes d'horizons. L'un, qui passe par l'œil de l'observateur, s'étend sur la surface terrestre, borne notre vue de toutes parts et semble joindre le ciel avec la terre en fixant les limites du monde, s'appelle l'*horizon sensible;* l'autre, qu'on nomme *horizon rationnel*, passe par le centre de la Terre, et son plan est parallèle à celui de l'horizon sensible.

Quoique ces deux horizons se trouvent séparés d'un rayon terrestre, on peut cependant les considérer comme aboutissant aux mêmes étoiles à cause de l'extrême éloignement de celles-ci.

158. L'horizon a deux *pôles :* l'un, situé directement au-dessus de notre tête, a reçu le nom de *Zénith ;* le second, diamétralement opposé au premier, s'appelle *Nadir.*

A mesure que l'on marche sur la terre, l'*horizon* et par conséquent le *zénith* et le *nadir* changent; d'où il suit que *chaque lieu de la Terre a un horizon, un zénith et un nadir différent.*

De l'Équateur.

159. L'*équateur* est un grand cercle qui coupe l'axe perpendiculairement et divise la sphère en deux *hémisphères*, l'un *Septentrional* et l'autre *Méridional.*

Ses *pôles* sont les mêmes que ceux du Monde.

L'équateur sert en Astronomie de terme de comparaison pour les hauteurs (*) des astres. Ainsi, à midi, le Soleil, en été, est plus élevé que

---

(*) Par la *hauteur* d'un astre, on entend le nombre de degrés que contient l'arc du méridien compris entre cet astre et l'horizon.

l'équateur de $23^\circ \frac{1}{2}$; en hiver il est plus bas d'autant : nous disons que le soleil décline de 23°, ou qu'il a 23° de déclinaison boréale en été, de déclinaison méridionale en hiver.

Du Méridien.

160. Le *méridien* passe au zénith et par les deux pôles. Il est perpendiculaire à l'équateur et à l'horizon, et divise la Sphère en deux parties, l'une *orientale* et l'autre *occidentale*.

L'instant où le Soleil arrive au méridien marque la moitié de sa course diurne; et comme cet instant est le *midi*, ou le milieu du jour pour tous les pays qui sont situés dessous, on lui a donné pour cette raison le nom de *méridien*.

161. On ne change pas de méridien, quand on va directement vers le nord ou vers le sud; mais il varie dès que l'on marche du côté de l'orient ou de l'occident.

Ce cercle partage en deux également les arcs diurnes que l'on conçoit décrits par les étoiles au-dessus et au-dessous de l'horizon; et, pour tous les astres sans exception, l'instant du passage au méridien est celui de leur plus grande ou de leur plus petite hauteur.

Il suit de là, qu'*il est midi à la même heure pour tous les peuples qui ont le même méridien; mais que tous les pays dont le méridien est différent, ont midi à des heures différentes.*

Les Points Cardinaux.

162. Les deux points où le méridien rencontre l'horizon, se nomment le *Septentrion* et le *Midi*; ceux où l'équateur coupe le même horizon, sont le vrai *Orient* et le vrai *Occident*.

163. Ces quatre points ont reçu la dénomination de *points cardinaux*, et les noms respectifs qu'ils portent ordinairement sont : *Nord*, *Sud*, *Est* et *Ouest*.

Le *Nord* et le *Sud* répondent aux deux pôles; l'*Est* et l'*Ouest* sont les points où le Soleil paraît se lever et se coucher, lorsqu'il répond à l'équateur.

164. Quand on regarde le pôle boréal, on a le *Nord* devant soi, le *Sud* par derrière, l'*Orient* à droite, et l'*Occident* à gauche : se placer de cette manière, est ce qu'on appelle s'*orienter*.

De l'Écliptique.

165. L'*écliptique céleste* est le cercle que le Soleil semble décrire dans sa révolution apparente et annuelle (114); il fait avec l'équateur un angle de 23° 28'.

On l'a ainsi nommé, parce que c'est toujours dans son plan que se forment les Éclipses.

166. L'écliptique coupe l'équateur en deux points appelés *équinoxes* ou *points équinoxiaux*, parce que chaque fois que le Soleil y passe, le jour est égal à la nuit pour toute la terre.

La droite qui joint ces points se nomme *ligne des équinoxes*.

167. Les deux points de l'écliptique, l'un septentrional et l'autre méridional, les plus éloignés de l'équateur ont reçu la dénomination de *solstices* ou de *points solsticiaux*.

168. L'écliptique divisant le zodiaque (50) en deux parties égales dans le sens de sa largeur, il arrive que cette zone fait comme lui avec l'équateur un angle de 23° 28'.

Le zodiaque est aussi partagé, suivant sa longueur, en douze portions égales, de 30° chacune, qu'on appelle *Signes* ou *Maisons du Soleil*, et auxquelles correspondaient autrefois les constellations que nous avons citées dans le n.° 99.

169. L'écliptique est, comme le zodiaque, divisée en douze parties égales ou *Signes*, dont six se trouvent au-dessus et six au-dessous de l'équateur. Les premiers ont pour cela été appelés *Septentrionaux*, et les derniers *Méridionaux*.

Voici leurs noms disposés suivant les saisons qu'ils marquent et accompagnés des figures qui servent à les représenter.

Signes septentrionaux.

PRINTEMPS.	Le Belier	ÉTÉ.	L'Écrevisse
	Le Taureau		Le Lion
	Les Gémeaux		La Vierge

Signes méridionaux.

AUTOMNE.	La Balance	HIVER.	Le Capricorne
	Le Scorpion		Le Verseau
	Le Sagittaire		Les Poissons

Ils sont renfermés dans les deux vers suivans, faciles à retenir :

Sunt Aries, Taurus, Gemini, Cancer, Leo, Virgo,
Libraque, Scorpius, Arcitenens, Caper, Amphora, Pisces.

170. Ces signes sont disposés selon le mouvement propre du Soleil, c'est-à-dire d'occident en orient.

On les distingue encore en *Signes ascendans* et en *Signes descendans*. Pour nous, habitans de l'hémisphère boréal, les signes ascendans sont le *Capricorne*, le *Verseau*, les *Poissons*, le *Belier*, le *Taureau* et les *Gémeaux*; les descendans, l'*Écrevisse*, le *Lion*, la *Vierge*, la *Balance*, le *Scorpion* et le *Sagittaire* : parce que quand la Terre parcourt les premiers le Soleil semble monter, et qu'au contraire lorsqu'elle décrit les seconds le Soleil paraît s'abaisser.

Nous donnerons, dans la leçon suivante, l'explication des douze signes ou constellations du zodiaque, dont l'invention est attribuée aux Égyptiens.

171. Du temps d'Hipparque, deux ou trois siècles avant notre ère, ces signes correspondaient aux douze constellations de mêmes noms qui se trouvent dans le zodiaque, et pour cette raison, on les confondait ensemble. Mais ils n'y répondent plus aujourd'hui, à cause d'un mouvement en vertu duquel le Ciel fait une révolution autour des pôles de l'écliptique à peu près en 26000 ans, temps que l'on nomme *précession des équinoxes*. Ensorte que depuis Hipparque, les constellations se sont avancées de plus de 30 degrés vers l'orient, ou les divisions de l'écliptique ont rétrogradé d'un signe. C'est ce qui fait que le Printemps ne commence plus au moment où le Soleil arrive au premier point du *Bélier*, mais bien lorsqu'il le précède de 30 degrés ou qu'il entre dans le signe des *Poissons*. Et, si de nos jours on dit encore que le Printemps commence quand le Soleil arrive au premier point du Bélier; l'Été, lorsqu'il entre dans l'Écrevisse; l'Automne et l'Hiver, à son entrée dans la Balance et le Capricorne (169), c'est pour se conformer aux anciens usages : car nous savons très-bien qu'actuellement le Soleil parvient aux équinoxes et aux solstices, trente jours avant d'avoir atteint les étoiles du Bélier, de l'Écrevisse, de la Balance et du Capricorne.

172. Ces connaissances ont conduit à séparer les signes du zodiaque des constellations ; ce sont maintenant deux choses distinctes que l'on ne confond plus : les signes sont des espaces égaux, chacun de 30 degrés, formant ensemble les 360 degrés de l'écliptique ; ils ne sont réellement que les divisions, les douzièmes parties de la course solaire; ils partagent et l'écliptique et le temps d'une année que le Soleil emploie à la parcourir. Les constellations sont des portions du zodiaque et bien aussi des parties de l'écliptique, mais plus ou moins remplies d'étoiles, et par conséquent plus ou moins étendues. La nécessité de les assembler en groupes pour y dessiner des figures, n'a pas permis effectivement de donner à ces *astérismes* des espaces égaux comme aux signes ; cependant les douze embrassent aussi le circuit du zodiaque.

Pour éviter toute équivoque à cet égard, lorsqu'on parle des douze signes qui partagent l'orbite du Soleil, on les nomme *Signes de l'écliptique;* mais s'il est question des constellations figurées autour de ce cercle par des amas d'étoiles, on dit alors les *Constellations du Zodiaque*.

173. On fait correspondre ces signe aux douze mois de l'année. Ainsi, suivant l'ancien langage, au 20 ou 21 de Mars, le Soleil entre dans le signe du Bélier qu'il parcourt jusqu'au 20 ou 21 d'Avril; alors, il passe dans le signe du Taureau, puis successivement dans tous les autres signes, un des jours qui sont depuis le 18 jusqu'au 23 de chaque mois.

174. Enfin, comme on a pu le remarquer (169), le premier point du signe du *Bélier*, qui est un des points d'intersection de l'écliptique avec l'équateur, répond toujours à l'équinoxe du Printemps ;

Le même point du signe de l'*Écrevisse*, au solstice d'Été ;

Celui de la *Balance*, à l'équinoxe d'Automne ;

Celui du *Capricorne*, au solstice d'Hiver.

Mais les constellations du zodiaque qui correspondent aujourd'hui à ces signes, sont :

PRINTEMPS.	Les Poissons. Le Bélier. Le Taureau.	AUTOMNE.	La Vierge. La Balance. Le Scorpion.
ÉTÉ.	Les Gémeaux. L'Écrevisse. Le Lion.	HIVER.	Le Sagittaire. Le Capricorne. Le Verseau.

Des Colures.

175. Les *colures* sont deux grands cercles qui passent par les pôles de la sphère céleste, et qui sont perpendiculaires entre eux.

Le premier rencontre l'écliptique aux deux points équinoxiaux (166), et pour cela on l'appelle *colure des équinoxes;* le second passe par les deux points de l'écliptique les plus éloignés de l'équateur (167), on l'a nommé *colure des solstices.*

Des Tropiques.

176. Les *tropiques* sont deux petits cercles de la sphère céleste qu'on imagine à 23° 28′ de chaque côté de l'équateur auquel ils sont parallèles.

Ils rencontrent donc l'écliptique, l'un au premier point du signe de l'Écrevisse ou du Cancer, l'autre au premier point du Capricorne. De là vient que celui qui se trouve au Nord est appelé *tropique du Cancer*, et que le second, placé dans l'hémisphère méridional, prend le nom de *tropique du Capricorne.*

Ces cercles ont été nommés *tropiques* d'un mot grec qui signifie *retour*, parce que quand le Soleil est parvenu au point où l'un des deux touche l'écliptique, il semble retourner vers l'autre. Cet astre parcourt le premier au *solstice d'Été*, le second au *solstice d'Hiver.*

177. Le Soleil paraissant chaque jour décrire un cercle de la sphère céleste, et cet astre employant une année ou 365 jours à parcourir l'écliptique, on a imaginé 365 cercles *diurnes* que l'on conçoit placés entre les deux tropiques qui sont les limites de la course solaire.

178. Ces cercles déterminent, par leur intersection avec l'horizon, la longueur des jours et des nuits.

Des cercles polaires.

179. Les *cercles polaires* sont deux petits cercles parallèles à l'équateur, et situés à 23° 28′ de chaque pôle.

Celui qui est au Nord, se nomme *cercle polaire arctique;* l'autre s'appelle *cercle polaire antarctique.*

Chaque jour, ils sont décrits dans le Ciel par les pôles de l'écliptique : le premier par le pôle *boréal*, le second par le pôle *austral.*

Tous les points, cercles et plans dont nous venons de parler n'ont rien de réel ; on les imagine formés dans la Sphère céleste pour fixer la position des astres et expliquer plus facilement leurs mouvemens vrais et apparens.

LEÇON XI.e

EXPLICATION DES CONSTELLATIONS DU ZODIAQUE.

Origine du Zodiaque et des noms des signes qui le composent. — Des saisons Égyptiennes. — Explication des fables relatives aux constellations zodiacales. — Invention des douze travaux d'Hercule.

Origine du Zodiaque.

180. Le Zodiaque est d'origine égyptienne ; nul doute ne peut s'élever à cet égard, parce qu'il présente pour l'Égypte seule la série des phénomènes qu'il exprime.

Il se rapporte à l'année solaire : le Capricorne la commence au solstice d'Été, le Sagittaire la finit.

181. Les douze noms des constellations indiquent les mois, les animaux et les travaux qui leur sont propres.

Dupuis admet que, dans les temps reculés, le Soleil était dans la constellation du *Capricorne* à l'époque du solstice d'Été; l'astre atteignant alors sa limite la plus élevée, était comparé aux chèvres qui se plaisent sur les hauteurs.

Le *Verseau* est le signe de l'inondation qui, commençant vers le milieu de Juillet, se trouve complète en Août.

Le Nil n'arrivant qu'en Septembre à sa plus grande élévation, les *Poissons* furent choisis pour désigner que les eaux couvraient toute la surface de l'Égypte.

Le *Bélier* convenait au mois d'Octobre, moment où les eaux retirées laissent d'abondans pâturages aux troupeaux long-temps renfermés.

Le *Taureau* annonçait l'époque du labourage, qui ne se fait en Égypte qu'avec des bœufs, sur une terre encore humide d'un précieux limon; c'est en Novembre que s'y exécutent les labours.

Les *Gémeaux*, ou les *Chevreaux*, ou les *Amans*, symboles de jeunesse et de fécondité, désignent les productions nouvelles, l'époque de la germination, qui, en Égypte, arrive en Décembre: la promptitude de la végétation permet déjà d'y présager l'abondance de la récolte.

Le *Cancer* était le signe du solstice d'hiver; la marche lente et rétrograde de l'Écrevisse annonce le mois de Janvier, temps où le Soleil revient vers les signes supérieurs.

La végétation est plus active en Février, le Soleil reprend sa force en entrant dans le *Lion*, qui en est le symbole; ce terrible animal sort alors des déserts, et semble ramener avec lui les chaleurs.

Les moissons, figurées par la *Vierge* et son épi, apprennent que c'est dans le mois de Mars qu'on coupe les blés en Égypte.

L'équinoxe, ou l'égalité des jours et des nuits, au commencement d'Avril, est marqué par la *Balance*.

C'est en Mai que règnent les maladies contagieuses, causées par les excessives chaleurs de la saison et les vents d'Éthiopie; le *Scorpion* en désignait la redoutable époque, à cause de la funeste influence qu'on attribuait à ce hideux animal.

Enfin, le *Sagittaire* fermait l'année avec le mois de Juin; armé d'un trait et poursuivant le Scorpion, il est l'emblême des vents du nord, précurseurs du solstice et de l'inondation. A cette époque, les vents Étésiens ne manquent jamais de s'élever, et, repoussant ceux du sud, chassent les vapeurs malfaisantes et ramènent la salubrité dans l'air.

Le Sagittaire est le Janus des Égyptiens, qui le représentaient avec deux visages, tournés, l'un vers les signes écoulés, l'autre vers ceux de l'année nouvelle.

182. Les Égyptiens ont trois Saisons de quatre mois chacune, l'inondation commençant en Juillet, le labourage en Novembre et les récoltes en Mars. Dans l'origine, ces saisons se rencontraient avec le Capricorne, le Taureau et la Vierge, si l'on adopte le système de Dupuis. Or, les constellations voisines confirment cette assertion.

1.° L'Aigle ou l'*Accipiter*, symbole consacré au Soleil, en annonçait l'élévation par son lever héliaque (*) au solstice d'Été, lorsque cet astre était dans le Capricorne.

2.° Le Taureau était voisin du Cocher, qui, armé d'un fouet, semble l'exciter au travail.

3.° Le Bouvier, placé entre la Vierge et l'Ourse, et tenant une faucille de moissonneur, se trouve près du Chariot chargé de la moisson; autrefois la chevelure de Bérénice était remplacée par une gerbe de blé.

Aujourd'hui la précession amène l'Aigle, le Cocher et le Bouvier en Février, Juin et Octobre, et ces constellations n'indiquent plus les trois Saisons Égyptiennes.

183 Les divers phénomènes que l'on vient de décrire se reproduisent constamment aux mêmes époques; l'immuable loi de la nature les ramène toujours dans le même ordre et avec une égale durée; mais, comme on l'a déjà dit (171), par l'effet de la précession, ils n'arrivent plus lorsque le Soleil entre dans les mêmes constellations: les figures zodiacales qui en étaient le symbôle, n'y correspondent plus, et le Soleil ayant rétrogradé de sept signes, il faut remonter à quinze mille ans, pour se reporter à l'état que cette interprétation suppose, à raison de 72 ans par degré.

Tel est le système de Dupuis que l'on trouve exposé et discuté d'une manière complète dans l'Uranographie de Francœur, qui est un des meilleurs traités élémentaires d'Astronomie que nous ayons, et auquel j'emprunte cet article.

Fables relatives aux Constellations zodiacales.

184. Le Bélier. Forcés de fuir leur père Athamas, Phryxus et Hellé, portés par un bélier à toison d'or, traversent l'Hellespont où Hellé périt. Phryxus arrive à Colchos, et immole ce bélier à Mars, dieu qui préside à ce signe.

L'expédition des Argonautes est relative au Soleil équinoxial dans le Taureau. De la Thrace, patrie de Jason, on voyait le matin cet astre sortir de la Colchide. Le lever héliaque du Bélier était l'emblême de la toison d'or, gardée par un monstre (la baleine) et par un taureau qui vomissait des flammes. Le soir Ophiucus, qui est Jason, se lève alors et sort du lieu où le matin paraissait le Bélier: le héros enlève donc cette précieuse toison. Ses

(*) Le *lever héliaque* d'une constellation, d'une étoile, ou d'un astre en général, est celui qui a lieu environ une heure avant le lever du Soleil.

Le *coucher héliaque* se dit des astres qui se couchent une heure aussi après le Soleil.

compagnons, Hercule, Castor et Pollux, Céphée..... sont sur l'horizon, dont le navire Argo est voisin à l'occident.

185. LE TAUREAU. L'enlèvement d'Europe et d'Io par Jupiter est probablement une allusion à la *néoménie* (la nouvelle lune), le Soleil et la Lune étant au Printemps dans le Taureau.

Le Taureau passe pour avoir porté sur son dos Europe, fille d'Agénor. Cette princesse était si belle, qu'on disait qu'une des compagnes de Junon avait dérobé un petit pot de fard de la toilette de cette déesse pour le lui donner. Elle fut fort aimée de Jupiter, qui prit la figure d'un taureau pour l'enlever, passa la mer avec elle, et l'emporta dans cette partie du monde à laquelle Europe donna son nom.

186. LES GÉMEAUX, connus dans la Fable sous le nom de *Castor* et *Pollux*, étaient la divinité tutélaire des navigateurs. Les Gémeaux paraissent se tenir embrassés et descendre les pieds droits en avant: ils semblent, au contraire, inclinés et couchés en se levant. Les phénomènes de leur coucher et de leur lever ont donné lieu à cette fiction, que Pollux partagea l'immortalité avec son frère, et qu'alternativement, de deux jours l'un, ils paraissent briller à nos yeux. Ils sont le symbole de l'amitié, de la fécondité....

187. LE CANCER, ou l'ÉCREVISSE, est celui qui piquait le pied d'Hercule et le gênait si fort dans son combat contre l'Hydre de Lerne. Le héros indigné l'écrasa, et Junon reconnaissante de ce qu'il avait servi sa vengeance, le plaça au Ciel.

188. LE LION fut symbole de la force et de la puissance, parce qu'il se rapportait au Soleil du solstice d'Été; il est Osiris, Jupiter, Hercule, comme Bacchus est le Taureau équinoxial.

189. LA VIERGE, emblême de la Justice et des lois, représentait Thémis, dont la balance est à ses pieds, ou Astrée, fille de Jupiter et de Thémis, que les crimes des hommes forcèrent de remonter au Ciel, à la fin de l'âge d'or.

La Vierge est encore Cérès et le symbole des moissons, la Diane d'Éphèse, l'Isis d'Égypte, la grande déesse de Syrie, Atergatis, ou la Fortune; Cybèle traînée par des lions; Minerve, Mère de Bacchus, Méduse; Érigone, fille du Bouvier; enfin la Sybille de Virgile, qui, un rameau à la main, descend aux enfers, ou sous l'hémisphère.

190. LA BALANCE était, il y a 2000 ans, le lieu du Soleil à l'équinoxe d'Automne. On figurait la Balance, soit dans les mains de la Vierge, soit entre les serres du Scorpion. Les Grecs, dont la sphère céleste était celle des Chaldéens, n'avaient que onze constellations zodiacales; ils donnaient au Scorpion une étendue de deux signes, en prolongeant les serres dans l'espace de la Balance.

191. Le Scorpion est le symbole des maladies et des fléaux destructeurs ; il était la terreur d'Orion, de Phaéton, d'Hippolyte, dont il causa la mort.

192. Le Sagittaire, groupé sur la *voie lactée*, est peint avec un manteau dont s'entortillaient le bras ceux qui voulaient combattre. Il a été quelque fois remplacé par un arc, un carquois ou une flèche ; il est le centaure Chiron, instituteur d'Achille, de Jason, d'Esculape, et l'inventeur de l'art de l'équitation. Selon d'autres, le Sagittaire était un chasseur célèbre qui résidait avec les Muses sur l'Hélicon, ou Croton, poète et chasseur, ou enfin le Janus Égyptien.

193. Le Capricorne est un bouc qui fut élevé avec Jupiter sur le mont Ida, découvrit et emboucha la conque marine, et porta l'effroi parmi les Titans dans la guerre contre l'Olympe. Les dieux épouvantés se cachèrent sous diverses formes d'animaux ; Minerve se changea en ibis ; Apollon en grue, Diane en chat..... enfin Pan en Capricorne, c'est-à-dire qu'il prit un corps de bouc et une queue de poisson.

194. Le Verseau est Ganimède, que Jupiter fit enlever par son aigle pour servir d'échanson aux dieux. L'aigle placé au-dessus ne s'élève jamais au ciel sans entraîner avec lui le Verseau, l'urne qu'il tient et l'eau qui s'en écoule.

Les pieds de Pégase se lèvent avant l'eau du Verseau : c'est l'Hippocrène que ce cheval fait jaillir d'un coup de pied. Les neuf étoiles du Dauphin, placées au-dessus du Verseau, sont le signe des Muses, qui se désaltèrent à cette fontaine.

Le Verseau est encore Deucalion, roi de Thessalie, qui, échappé du déluge avec Pyrrha, sa femme, vint débarquer sur le Parnasse, séjour des Muses, de Pégase et de l'Hippocrène. Il est aussi Aristée, fils d'Apollon, qui obtint de Neptune le bienfait des vents Étésiens. Cette fable se rapporte au temps où le lever du soir du Verseau arrivait au solstice d'été et annonçait le retour des vents frais, comme Sirius était le précurseur de la chaleur. Le Verseau est encore Cécrops, roi d'Athènes.

195. Les Poissons sont ceux dont Vénus et l'Amour prirent la forme pour échapper à Typhon. Selon d'autres, deux poissons trouvèrent un œuf et le roulèrent sur le rivage : il fut couvé par une colombe, et Vénus en sortit : ils ont, dit-on, sauvé des eaux Dercéto, fille de Vénus. C'est depuis ce temps que les Syriens s'abstinrent de se nourrir de poissons. Enfin, suivant Théon, les Poissons sont les enfans du poisson Austral, à la suite duquel ils se lèvent toujours.

Interprétation astronomique des travaux d'Hercule.

Le Soleil, considéré comme la force de la nature, et passant successivement dans les douze signes du zodiaque, fit imaginer les douze travaux d'Hercule.

La Fable apprend qu'Hercule fut condamné par Junon à *douze travaux* avant d'obtenir l'immortalité. Voici leur explication astronomique, suivant la marche du Soleil à laquelle on les rapporte.

1.° L'entrée du Soleil dans le signe du *Lion*, qu'il fait disparaître en le couvrant de ses feux, répond à la victoire d'Hercule sur le *Lion de Némée*.

2.° Après le Lion, il traverse la *Vierge*, les diverses parties de l'hydre s'éclipsent tour à tour; d'abord la tête, puis le corps et enfin la queue; mais alors la tête reparaît dans son lever héliaque. C'est le triomphe sur l'*Hydre reconnaissante du lac de Lerne*, qu'Hercule brûla, après avoir écrasé l'écrevisse qui la secondait.

3.° Le Soleil traversant la *Balance*, au temps des vendanges, couvre le Centaure de ses rayons: la fable dit, que le Centaure Chiron, ayant reçu Hercule, en avait appris l'art de faire le vin, et que, dans une dispute causée par l'ivresse, le peuple des Centaures avait voulu tuer l'hôte d'Hercule, ce qui avait forcé le héros à les combattre; ceci paraît relatif au coucher du soir du Sagittaire.

4.° Cassiopée, qu'on figurait aussi par une Biche, se plonge le matin dans les flots, quand le Soleil est dans le *Scorpion*, ce qui arrivait à l'équinoxe d'automne; c'est cette *Biche aux cornes d'or* que, malgré son incroyable vitesse, Hercule fatigua à la course, et prit au bord des eaux où elle se reposait.

5.° Au lever du Soleil dans le Sagittaire, l'Aigle, la Lyre (ou le Vautour) et le Cygne, placés dans le fleuve de la voie lactée, disparaissent tour à tour dans les feux de cet astre. Ce sont les *oiseaux du lac Stymphale* chassés d'Arcadie par Hercule, dont la flèche est placée entre eux.

6.° Le *Capricorne*, ou le bouc céleste, est baigné sur le devant par l'eau du Verseau: ce sont les *écuries d'Augias* nettoyées en y faisant passer un fleuve.

7.° Le Soleil dans le *Verseau*, au solstice d'hiver, était près de Pégase; le soir, on voyait se coucher le Vautour, tandis que le Taureau passait au méridien. On a dit qu'Hercule, à son arrivée en Élide, pour combattre le *Taureau de Crète* et le *Vautour de Prométhée*, monta le cheval Arion et institua les jeux olympiques, qu'on célébrait à la pleine lune du solstice d'été; la Lune est précisément alors dans le Verseau, c'est-à-dire à la région opposée au Lion.

8.° L'enlèvement des *Cavales de Diomède*, fils d'Aristée, se rapporte au lever héliaque de Pégase et du petit Cheval, le Soleil étant dans les *Poissons*: ces deux chevaux sont placés au-dessus du Verseau, qui est Aristée.

9.° Hercule part ensuite pour la conquête de la toison d'or; le Verseau et le Serpentaire (l'Argonaute Jason, n.° 184) achèvent de se lever le soir, tandis qu'en même temps le *Bélier*, Cassiopée, Andromède, les Pléiades et Pégase se couchent. De là on a imaginé la victoire d'Hercule sur Hippolyte, *reine des Amazones*, dont la ceinture (Mirach) brillait d'un vif éclat: plusieurs de ces guerrières avaient les noms des Pléiades.

10.° Au lever du *Taureau*, le Bouvier se couche, et la grande Ourse, appelée aussi les bœufs d'Icare, se lève: c'est la défaite de *Géryon* et l'enlèvement de ses bœufs. Hercule tue *Busiris*, persécuteur des Atlantides; fable qui fait allusion à Orion poursuivant les Hyades, et qui alors se trouve dans les rayons solaires. Le retour du printemps est en outre exprimé par la destruction des reptiles venimeux de la Crète et par la défaite du brigand *Cacus*; celle du fleuve Achéloüs, changé en Taureau, est relative à l'Eridan qui est placé au-dessous.

11.° Après avoir fondé Thèbes en Égypte, Hercule va aux Enfers, délivre Thésée et enlève *Cerbère*. Le Soleil est arrivé dans l'hémisphère boréal; le grand Chien, dont le coucher héliaque a eu lieu dans le signe précédent, est maintenant absorbé dans ses feux; il est tiré des régions inférieures, et produit à la lumière. Le fleuve du Verseau qui se lève le soir avec le Cygne, lorsque le Soleil achève de décrire les *Gémeaux*, est Cycnus vaincu au bord du Pénée.

12.° Enfin, le Dragon polaire et Céphée, ou le *Jardin des Hespérides*, se levant au couchant du Soleil, dans le *Cancer*: de là le voyage d'Hercule en *Hespérie*. L'époque du lever héliaque de la constellation d'Hercule est vers l'Automne; les pommes des Hespérides sont une allusion à cette saison.

Revenu au solstice d'Été, le Soleil recommence sa révolution: c'est l'apothéose d'Hercule.

LEÇON XIIe.

DE LA FIGURE DE LA TERRE ET DES PARTIES DE SA SURFACE.

La Terre est ronde. — Preuves de cette figure reconnue à la Terre. — Axe, pôles et cercles de la Terre. — Division de sa surface en cinq zones. — Leurs noms et leur situation. — Observation relative aux règnes animal et minéral de chaque zone. — Des climats. — Des antipodes. — Ce qu'on entend par latitude et par longitude.

Figure de la Terre.

196. La figure de la Terre a été reconnue à peu près sphérique, et cette connaissance résulte de l'expérience, de l'observation et du raisonnement.

On prouve la rondeur de la Terre en observant,

1°. Qu'en pleine mer ou dans un désert, on aperçoit plutôt les cimes des montagnes, les sommets des édifices, que les objets plus rapprochés de la surface terrestre.

2°. Que quand on est transporté par un vaisseau qui abandonne les bords de la mer, les plaines et les montagnes les plus élevées semblent rentrer dans le sein des eaux, en commençant par leurs parties inférieures; elles se cachent d'autant plus que l'on s'éloigne davantage, jusqu'à ce qu'enfin elles disparaissent entièrement. Au contraire, en approchant du rivage, on aperçoit d'abord les cimes des montagnes, et les plaines se découvrent ensuite, à mesure que le vaisseau s'avance.

3°. Que si l'on poursuit sa route sur mer, en se dirigeant toujours vers l'occident, on finit par revenir au lieu de son départ.

4°. Qu'en marchant vers le Sud, on découvre des étoiles que l'on ne voyait pas, et il s'en cache du côté du Nord que l'on apercevait auparavant. La même chose arrive encore, mais en sens contraire, lorsqu'on s'avance vers le Septentrion. Enfin, de quelque côté que l'on tourne ses pas, partout on voit changer l'élévation du pôle.

197. La rondeur de la Terre se manifeste aussi d'une manière très-sensible dans les éclipses de Lune. Lorsque cet astre commence à entrer dans l'ombre de la terre, et qu'une partie de son disque est encore éclairée par le Soleil, cette partie ne paraît pas terminée par une ligne droite, comme cela arriverait si le contour de l'ombre terrestre était rectiligne; elle a la forme d'un croissant lumineux dont la concavité est tournée vers l'ombre. La même chose arrive à la fin de l'éclipse, quand la lune commence à se dégager de l'ombre terrestre.

Il résulte donc de tous ces faits, que *la Terre est un corps arrondi en tous sens et isolé dans l'espace.*

Axe et Pôles de la Terre.

198. L'*axe* de la Terre est le diamètre autour duquel cette planète fait sa révolution diurne; l'extrémité supérieure s'appelle *pôle boréal*, le second se nomme *pôle austral.*

Des Cercles de la Terre.

199. On imagine tracés sur la surface terrestre différens cercles dont la plupart se rapportent à ceux de même nom qu'on suppose dans le Ciel; ce sont l'*horizon*, le *méridien*, l'*équateur*, l'*écliptique*, les deux *tropiques*, les deux *polaires*, les *parallèles* ou *cercles de latitude* et les *cercles de longitude.*

200. L'*horizon terrestre* se confond toujours avec celui de la sphère céleste; il varie pour chaque lieu de la Terre.

201. L'*Équateur terrestre*, appelé aussi *ligne équinoxiale*, est

un grand cercle perpendiculaire à l'axe de la Terre ; il la partage en deux hémisphères, l'un *septentrional* et l'autre *méridional*.

Ceux qui l'habitent se trouvent sous l'équateur céleste, parce que les plans de ces deux cercles sont toujours parallèles et répondent aux mêmes points du Ciel.

202. Le *méridien* passe par les pôles de la Terre ; il la divise en deux hémisphères dits *oriental* et *occidental*.

Chaque lieu a son méridien qui est la trace que détermine sur la terre le méridien céleste correspondant.

203. L'*écliptique terrestre* représente la route apparente du Soleil, lequel semble chaque mois en parcourir 30 degrés.

Ce cercle est déterminé par le plan de l'écliptique céleste ; et comme lui, moitié se trouve dans l'hémisphère boréal, moitié dans l'hémisphère austral, en s'élevant chacune de 23° 28′ au-dessus de l'équateur.

Il est essentiel d'observer ici que l'écliptique céleste, quoique fixe dans le Ciel, rend cependant mobile l'écliptique terrestre ; parce qu'en tournant avec la sphère céleste, il coupe nécessairement la Terre dans des points différens, et la trace qu'il y forme, ou l'écliptique terrestre, est perpétuellement variable.

204. Les *tropiques* sont deux petits cercles qu'on imagine tracés parallèlement à l'équateur, l'un au-dessus et l'autre au-dessous, à une distance de 23° 28′. Le premier se nomme *tropique du Cancer*, le second *tropique du Capricorne*.

205. Les deux *cercles polaires* sont supposés placés au-dessous à 23° 28′ de chaque pôle terrestre. Ils sont parallèles à l'équateur et correspondent aux cercles polaires célestes.

206. Les *parallèles* sont des cercles, distans l'un de l'autre de 10 degrés, qu'on imagine tracés de chaque côté de l'équateur terrestre et parallèlement à ce grand cercle.

On les désigne ordinairement sous le nom de *cercles de latitude* ; et les 360 parties égales en lesquelles on divise chacun d'eux, s'appellent *degrés de longitude*.

207. Les *Cercles de longitude* passent tous par le centre et par les pôles de la Terre ; ils coupent l'équateur en des points éloignés entre eux de 10 degrés.

Ils se nomment aussi *méridiens*, parce que quand le Soleil y correspond, il est *midi* pour tous les lieux qui sont placés sur chacun d'eux.

Les parties égales que l'on compte sur chaque cercle de longitude, prennent le nom de *degrés de latitude*.

208. On peut concevoir autant de *méridiens* qu'il y a de points dans la demi-circonférence de l'équateur ; mais pour fixer la

position relative des différens points de la Terre, on en imagine un particulier, appelé *Premier Méridien*, que l'on fait passer par un endroit convenu, et c'est à ce Premier Méridien que chaque peuple rapporte tous les lieux de la surface terrestre.

Les Français font passer le leur par Paris, et partent de là pour compter les degrés de longitude.

Des différentes parties de la surface terrestre.

209. La surface de la Terre est divisée par les tropiques et les cercles polaires en cinq *zones*, qui se distinguent encore les unes des autres autant par leur position à l'égard du Soleil, que par la variété de leurs productions et de leur température. Ce sont la *zone torride*, les deux *zones tempérées* et les deux *zones glaciales*.

Zone Torride.

210. La *zone torride* est la partie comprise entre les deux tropiques; elle s'étend par conséquent de 23° 20′ au Nord et au Sud de l'équateur.

On la nomme *torride* ou *brûlante*, à cause des chaleurs excessives qui y règnent continuellement.

211. Les peuples qui habitent cette zone ont dans le cours d'une année deux fois le Soleil à leur zénith : la première quand il va de l'équateur au tropique le plus voisin, et la seconde lorsqu'il revient de ce tropique vers l'équateur.

C'est sous l'équateur et dans presque toute la zone torride que la végétation développe le plus ses richesses et sa vigueur.

Zones Tempérées.

212. Les deux *zones tempérées* sont placées entre les tropiques et les cercles polaires ; l'une est *septentrionale*, l'autre *méridionale*.

On les nomme *tempérées*, parce que les chaleurs et les froids qu'on y éprouve sont modérés et supportables.

213. Les habitans de ces zones ont leurs plus grands jours, quand le Soleil correspond à leur hémisphère, et leurs plus longues nuits, lorsqu'il est dans l'hémisphère opposé. Ils n'ont jamais le Soleil à leur zénith.

Dans ces parties du Globe, on remarque encore la beauté de la végétation, quoiqu'elle soit bien inférieure à celle de la zone torride.

Zones Glaciales.

214 Ces zones s'étendent depuis les cercles polaires jusqu'aux pôles. Comme les précédentes, l'une est *septentrionale* et l'autre *méridionale*.

Elles sont appelées *glaciales*, à cause du froid très-vif qui s'y fait sentir pendant la plus grande partie de l'année, et des glaces qui y séjournent presque éternellement.

215. Les peuples qui existent sous les cercles polaires, voient le Soleil pendant 24 heures de suite à leur solstice d'Été, et en sont privés aussi long-temps à leur solstice d'Hiver. Cet astre se montre et se cache alternativement pendant plusieurs jours aux habitans plus voisins des pôles; et là, il est visible durant six mois entiers, puis il disparaît pour le reste de l'année.

Dans ces zones, on ne trouve plus que des arbustes, des plantes rampantes et des mousses. Les montagnes très-élevées présentent ordinairement à la fois les productions de plusieurs climats, à cause des divers degrés de température qui se font sentir depuis leur sommet jusqu'à leur base.

Observation relative aux règnes animal et minéral.

Le règne animal varie comme le règne végétal, suivant les différentes zones. Les quadrupèdes les plus forts et les plus féroces habitent les déserts de la zone torride: on y trouve les plus beaux oiseaux et les insectes les plus rares. Les animaux connus par la beauté de leur fourrure et les oiseaux par leur plumage, se réfugient dans les zones glaciales. Enfin, les reptiles et autres animaux dangereux se retirent dans les climats tempérés.

Les minéraux sont répandus dans toutes les parties du Globe; cependant les plus précieux, tels que l'or et l'argent, se trouvent plus abondamment dans la zone torride.

Des Climats.

216. On donne le nom de *climats* à des parties de la surface terrestre comprises entre deux cercles parallèles à l'équateur, et dont la largeur est telle qu'à la fin de chacune le plus long jour a une demi-heure ou un mois de plus qu'au commencement. De là, la distinction des climats en *climats de demi-heures* et en *climats de mois*.

217. De chaque côté de l'équateur, on compte 24 climats de demi-heures et 6 climats de mois. Les premiers s'étendent jusqu'aux cercles polaires; là commencent les seconds, qui se terminent aux pôles.

Les cercles polaires sont au 66.e degré et demi; au 67.e degré, où finit le premier climat de mois, le plus grand jour est d'*un mois;* il est de *deux* à 69° 30′; de *trois* à 73° 28′; de *quatre* au 78.e degré; de *cinq* au 84.e degré, et enfin de *six mois* au 90.e degré ou au pôle.

Antipodes.

218. On appelle *antipodes* deux points de la surface du Globe, qui se trouvent aux extrémités d'une droite qu'on imagine passer par son centre. Chaque pays a les siens.

219. Deux peuples antipodes ont le même horizon, et les astres se lèvent pour l'un quand ils se couchent pour l'autre.

Latitude et longitude.

220. La latitude d'un lieu est sa distance à l'équateur, exprimée en degrés. Elle est *septentrionale* pour les pays situés entre l'équateur et le pôle du Nord, *méridionale* pour tous les autres.

221. Les lieux qui se trouvent sur l'équateur terrestre n'ont point de latitude; elle croît pour tous les autres à mesure qu'ils sont plus près des pôles, où elle est de 90 degrés.

Aucun lieu ne peut avoir plus de 90 degrés de latitude, par la raison que de l'équateur à l'un quelconque des pôles on n'en peut compter davantage.

222. La *longitude* d'un lieu est sa distance au premier méridien (206). Elle se mesure par l'arc de l'équateur compris entre le premier méridien et celui du lieu dont il s'agit.

Lorsqu'on divise la longitude en *orientale* et en *occidentale*, aucun lieu ne peut avoir plus de 180 degrés de longitude, parce que la circonférence du Globe ne renfermant que 360 degrés, il est impossible qu'un de ses points soit éloigné d'un autre de plus de la moitié de cette distance.

Si l'on compte la longitude sur toute l'étendue de la circonférence, en partant de l'Est du premier méridien et revenant à l'Ouest, alors elle peut avoir jusqu'à 360 degrés; ce qui arrive pour tous les pays placés sur le premier méridien.

223. Tous les degrés de latitude sont égaux et valent chacun 25 lieues terrestres de 2280 toises; mais il n'en est pas de même des degrés de longitude, sous l'équateur seulement ils valent 25 lieues, et à partir de là, ils diminuent successivement jusqu'aux pôles où ils sont zéro.

Voici un tableau qui présente cette diminution pour les parallèles menés de 5 en 5 degrés.

Degrés de latitude.	*Lieues.*	*Degrés de latitude.*	*Lieues.*
5	24,89.	50	16,05.
10	24,61.	55	14,33.
15	24,14.	60	12,50.
20	23,50.	65	10,55.
25	22,60.	70	8,55.
30	21,69.	75	6,47.
35	20,47.	80	4,33.
40	19,14.	85	2,17.
45	17,67.	90	0.

LEÇON XIII.e

DES DIFFÉRENTES POSITIONS DE LA SPHÈRE. INÉGALITÉ DES JOURS ET DES NUITS.

De l'élévation du pôle. — Explication des différentes positions de la Sphère. — De l'inégalité des jours et des nuits. — Les étoiles tombantes. — Les globes de feu. — Les aurores boréales. — Idée du Globe inventé par les astronomes pour représenter la Terre et faire concevoir plus facilement les phénomènes qui résultent de ses diverses positions.

Hauteur du Pôle.

224. La *hauteur du pôle* est l'arc du méridien compris entre l'horizon et le pôle visible.

Pour chaque lieu de la Terre, l'élévation du pôle est égale à la latitude. Ainsi, la latitude de Paris étant de 48° 50′ 15″, la hauteur du pôle pour cette ville est aussi de 48° 50′ 15″.

Des différentes positions de la Sphère.

225. Le Ciel peut être considéré sous différens aspects, eu égard à la position des lieux qu'occupent les habitans de la Terre.

Ils dépendent des diverses situations de l'horizon par rapport à l'équateur et se réduisent à trois principaux, qui ont reçu la dénomination de *Sphère parallèle*, de *Sphère oblique*, et de *Sphère droite*.

226. Voici leur explication :

1.° Supposons que l'observateur soit placé au pôle boréal de la Terre, sa latitude sera de 90 degrés ; la hauteur du pôle sera donc aussi de 90 degrés (224). Dans ce cas, l'équateur se confond avec l'horizon, et la Sphère est dite *parallèle*.

2.° Que l'observateur s'avance du pôle vers l'équateur, sa latitude diminuera successivement ainsi que la hauteur du pôle, et l'axe de la Terre deviendra d'autant plus incliné à l'horizon, que l'observateur s'éloignera davantage du pôle. Dans cette position, on dit que la Sphère est *oblique*.

3.° Enfin, l'observateur étant parvenu à l'équateur, sa latitude est nulle ainsi que la hauteur du pôle. Les pôles de l'équateur se trouvent dans le plan de l'horizon, et ces deux cercles sont perpendiculaires l'un à l'autre. Alors la Sphère est *droite*.

De ces trois positions de la sphère céleste résultent divers phénomènes, dont les plus remarquables sont l'inégalité des jours et des nuits, et la variété des Saisons. Nous allons exposer successivement les uns et les autres dans cette leçon et dans la suivante.

De l'inégalité des Jours et des Nuits.

227. Dans la vie civile, on nomme *jour* l'espace de temps qui s'écoule depuis le lever jusqu'au coucher du Soleil: la *nuit* est le temps pendant lequel cet astre reste au-dessous de l'horizon.

228. On appelle *jour astronomique* l'intervalle de temps que le Soleil emploie à revenir au même méridien.

On le divise en 24 parties égales appelées *heures;* chaque heure en 60 *minutes*, la minute en 60 *secondes*, la seconde en 60 *tierces.*

229. Pour les astronomes, le jour commence à *midi;* ils comptent les 24 heures de suite, d'un midi à l'autre. Dans l'usage ordinaire, il n'en est pas ainsi, le jour naît à minuit; et après avoir compté 12 heures jusqu'à midi, on recommence jusqu'à minuit, en distinguant ces deux périodes en *heures du matin* et en *heures du soir.*

230. Le jour étant produit par la présence du Soleil sur l'horizon et la nuit par son absence, il est évident que le jour sera d'autant plus long que le Soleil restera davantage sur ce cercle, et d'autant plus court qu'il y demeurera moins; et que la nuit doit augmenter ou diminuer en sens contraire.

Ainsi, les jours de chaque peuple seront d'autant plus grands ou plus petits, que les arcs des cercles diurnes qui se trouvent au-dessus de leur horizon seront eux-mêmes plus grands ou plus petits, puisque ces arcs représentent la durée de la présence du Soleil pour chacun. Par conséquent,

1.° Si cet arc vaut une demi-circonférence, le Soleil restera autant au-dessus qu'au-dessous de l'horizon, et le jour sera égal à la nuit; l'un et l'autre vaudront conséquemment 12 heures.

2.° *Si l'arc diurne est plus grand qu'une demi-circonférence*, le temps de la présence du Soleil surpassera celui de son absence, et le jour alors sera plus long que la nuit.

3.° Enfin, si l'arc est plus petit, le contraire arrivera, et la nuit dépassera le jour.

231. Cela posé, il est facile de concevoir les phénomènes dont il est question.

1.° Pour les peuples situés sous l'équateur, les jours sont tous de 12 heures; car ils ont la Sphère *droite;* leur horizon divise l'équateur et tous ses parallèles en deux parties égales; les jours sont donc constamment égaux aux nuits, c'est-à-dire de 12 heures.

232. Ces peuples voient à l'horizon les deux pôles du monde, parce qu'ils n'ont point de latitude; ils aperçoivent successivement toutes les étoiles du Ciel, et le Soleil se trouve deux fois l'année, au temps vrai des équinoxes, perpendiculairement au-dessus de leur tête.

233. 2.° La Sphère étant *oblique* pour tous les peuples qui habitent entre l'équateur et les pôles, ils ont les jours inégaux aux nuits pendant toute l'année, excepté aux équinoxes, parce que tous les cercles diurnes, à l'exception seule de l'équateur, sont coupés en parties inégales par l'horizon.

234. A mesure que le Soleil s'avance de l'équateur vers le tropique du Cancer, ses hauteurs méridiennes sur notre horizon croissent de plus en plus: et comme les arcs des parallèles augmentent à chaque révolution diurne, ils font croître la durée des jours jusqu'à ce que le Soleil, parvenu au tropique du Cancer, ait acquis sa plus grande hauteur méridienne. A cette époque, le jour est pour nous le plus long de l'année. Cet astre redescend ensuite vers l'équateur, le traverse de nouveau, et de là, décrivant des arcs qui vont chaque jour en décroissant, il parvient au tropique du Capricorne, où sa hauteur méridienne est la plus petite possible, et nous avons le jour le plus court de l'année. Parvenu à ce terme, il remonte vers l'équateur, d'où il part pour recommencer la même carrière.

235. Plus la Sphère est oblique, c'est-à-dire plus on s'approche des pôles, plus il y a d'inégalité dans la longueur des jours et des nuits. Sous l'équateur, ils sont en tout temps de 12 heures (231); sous les tropiques, les plus longs valent à peu près 13 heures et demie; sous les cercles polaires, ils sont de 24 heures; et depuis là jusqu'aux pôles, ils durent un mois, 2 mois, et 6 mois sous les pôles, ainsi qu'on le verra bientôt.

236. Les peuples qui sont entre les tropiques voient le Soleil passer deux fois l'année au-dessus de leur tête, et leur ombre se trouve tantôt vers le Nord, tantôt vers le Midi; ils n'aperçoivent jamais qu'une partie du Ciel, l'autre demeure constamment invisible pour eux. Au-delà des tropiques, le Soleil ne passe plus au-dessus de la tête des habitans, et leur ombre, à midi, est toujours dirigée vers leur pôle.

237. 3.° Les habitans des pôles, s'il y en a, ont la Sphère *parallèle*: la moitié de l'écliptique est sur leur horzion; le Soleil leur est visible pendant tout le temps qu'il emploie à la parcourir, et se dérobe à leurs regards quand il parcourt l'autre moitié. Ces peuples voient donc le Soleil se lever et se coucher une fois dans l'année: ce qui la compose d'un seul jour et d'une seule nuit, dont la durée respective est conséquemment de six mois.

238. Pendant les six mois que le Soleil est visible, on voit cet astre tourner parallèlement à l'horizon dans l'espace de 24 heures; les ombres décrivent aussi des cercles autour des objets qui les projettent dans le même temps. Les étoiles offrent le même phénomène que le Soleil, à l'exception cependant qu'elles ne se lèvent, ni se couchent : celles qui sont sur l'horizon y demeurent toujours à la même hauteur, celles qui sont au-dessous ne s'y montrent jamais.

239. Ce qui semble diminuer l'horreur d'une nuit si longue dans ces tristes régions, c'est d'abord la présence de la Lune pendant tout le temps que cet astre reste au-dessus de l'équateur; puis le crépuscule, beaucoup plus long dans ces pays que dans les nôtres.

Enfin, un grand nombre de météores ignés (*), tels que des aurores boréales, des étoiles filantes ou étoiles tombantes et des globes de

(*) On donne généralement le nom de *météores* aux phénomènes qui prennent naissance dans l'atmosphère.

Par *météores ignés* on entend ceux qui proviennent d'une combustion. Dans nos climats, les plus communs sont les étoiles tombantes; mais les Globes de feu et les Aurores boréales y sont rares.

Les *étoiles tombantes* qu'on aperçoit souvent en France, s'offrent tantôt sous la forme d'une fusée, tantôt sous celle d'un petit globe qui répand une clarté plus ou moins vive en parcourant l'atmosphère. L'aspect qu'ils présentent étant assez semblable à celui que produirait une étoile qui, se détachant de la voûte céleste, viendrait à se précipiter vers la surface de la Terre, leur a sans doute fait donner le nom d'*étoiles tombantes*.

Les *globes de feu* sont communément de couleur rouge, et accompagnés d'une queue lumineuse très-longue qui se termine en pointe. Dans leur course rapide, ces globes éclatent le plus souvent; ils font entendre des explosions terribles, et lancent des pierres sur la Terre.

L'*Aurore boréale* est un météore lumineux qui se montre ordinairement vers le Nord, et dont la clarté, lorsqu'elle est voisine de l'horizon, ressemble à celle de l'aurore, quoique plus vive et plus brillante.

On voit d'abord un nuage obscur qui a la forme d'une partie de sphère dont l'horizon fait la base, et qui est bordé par des arcs lumineux. Il en sort ensuite des faisceaux de lumière qui s'élancent jusqu'au zénith, où ils sont terminés par une espèce de couronne. Le météore est alors dans sa plus grande magnificence, et présente l'aspect d'un pavillon semé de couleurs éclatantes. Il se dissipe quelquefois avec une rapidité surprenante, et d'autres fois avec assez de lenteur pour se réunir au crépuscule du matin.

Ce météore se montre le plus souvent deux, trois ou quatre heures après le coucher du Soleil; c'est-à-dire qu'il arrive presque toujours le soir, et presque jamais le matin, lorsque les nuits sont un peu longues.

On a observé un phénomène tout à fait semblable dans l'hémisphère austral, et il n'y a aucun doute que vers le pôle sud de la Terre il ne se produise aussi des aurores boréales, qu'on peut appeler des *aurores australes*.

feu très-fréquens, jettent encore quelques lueurs sur ces contrées sauvages.

Il est bon de savoir que l'on désigne quelquefois les diverses parties du globe terrestre, comme on l'a fait précédemment, d'après l'inclinaison de l'équateur sur leur horizon. On dit conséquemment les pays qui ont la sphère *droite, parallèle, oblique*, pour désigner l'équateur, le pôle et les régions intermédiaires.

240. Pour bien comprendre ce qui précède, il est utile d'avoir sous les yeux le globe inventé par les astronomes et de le placer dans les diverses positions que nous avons expliquées. En voici une idée.

Du Globe.

Le globe artificiel dont se servent les astronomes et plus souvent encore les géographes, est une boule qui représente la Terre, et sur laquelle on a tracé les cercles, les zones, les climats et les différens points qu'on imagine sur la surface terrestre. On y dessine en outre les Mers, les quatre parties du monde, l'Europe, l'Asie, l'Afrique et l'Amérique, et dans chacune on figure les lacs, les fleuves, les chaînes de montagnes, les forêts, la position des principales villes, celle des îles, enfin les glaces polaires.

Cette boule est traversée par une verge de fer qui figure l'axe de la Terre, dont les extrémités, ou pôles, sont fixées à un grand cercle de carton, méridien mobile qui peut successivement servir à tous les points du Globe, en faisant opérer à la boule une révolution entière sur son axe. Le tout est placé dans une couronne circulaire représentant l'*horizon*, sur laquelle sont tracés les douze divisions de l'écliptique, avec les noms des mois qui correspondent à chacune, ainsi que les noms des trente-deux vents dont l'ensemble forme ce qu'on appelle la *rose des vents*. La boule et le méridien qui l'entraîne toujours se trouvent disposés de manière qu'on peut facilement élever ou abaisser le pôle sur l'horizon, et par ce moyen donner au globe toutes les différentes situations de la sphère. Enfin un pied fixé à l'horizon par deux demi-cercles, où sont marqués les *climats*, supporte l'instrument.

Ordinairement on adapte au-dessus du méridien mobile un petit cercle de carton, appelé *cercle horaire* ou *rosette polaire*, divisé en vingt-quatre parties égales ou *heures*, et placé de manière que son centre passe par l'extrémité nord de l'axe du globe, à laquelle est attachée une aiguille qui parcourt les 24 divisions à mesure qu'on fait tourner la boule sur son axe qu'elle entraîne dans son mouvement.

La figure XII qui est au bas du cercle marque *midi*, celle qui se trouve au-dessus indique *minuit*. Les heures du matin se comptent sur le demi-cercle oriental, et celles du soir sur la partie occidentale.

LEÇON XIV.e

DES SAISONS ET DES CRÉPUSCULES.

Combien on distingue de saisons en Europe. — Des causes de l'augmentation et de la diminution de la chaleur terrestre. — Explication de la variété des saisons. — Des Pays où l'on n'observe que deux saisons. — Des Crépuscules. — Du Cercle crépusculaire. — Durée des crépuscules différente pour tous les peuples de la Terre.

Des Saisons.

241. On distingue en Europe quatre Saisons: l'*Hiver*, l'*Automne*, le *Printemps* et l'*Été*.

L'Hiver commence, quand la distance du Soleil au zénith est la plus grande possible; on est au premier jour d'Été, lorsqu'elle est la plus petite; enfin, on a le Printemps ou l'Automne, dès qu'elle se trouve entre ces deux extrêmes.

Variété des Saisons.

242. Avant d'expliquer la variété des Saisons, il est nécessaire d'examiner les causes de l'augmentation et de la diminution de la chaleur dans les diverses parties de la Terre.

243. La chaleur est due à l'influence des rayons solaires, influence d'autant plus grande que ces rayons arrivent moins obliquement à la surface du Globe.

Plusieurs causes tendent généralement à en augmenter les effets : 1.° La direction des rayons solaires; 2.° Le nombre des rayons qui agissent sur le même point du Globe; 3.° Le temps pendant lequel ils agissent.

Quant à la chaleur qu'on éprouve dans un lieu particulier, elle dépend encore de la nature du sol, de sa hauteur, et des objets environnans, qui sont plus ou moins capables de renvoyer les rayons solaires. On observe que le Canada (*) est plus froid que la France, quoiqu'il ait même latitude, parce qu'il est plus couvert de bois et de marais, qui s'échauffent moins que les rochers et les terres. Sous la Zone Torride, il y a des montagnes qui sont toujours couvertes de neige: leur sommet disperse les rayons du Soleil; ils se répandent aisément dans une masse d'air

(*) Le *Canada*, ou la *Nouvelle-France*, est un pays de l'Amérique Septentrionale.

qui est moins dense qu'au fond des vallées, et nous devons en conclure que les rayons réfléchis influent beaucoup sur la chaleur.

244. Ces principes posés, les causes de la chaleur doivent nécessairement croître lorsque les jours augmentent par l'approche du Soleil vers l'un des pôles; car, la hauteur méridienne de cet astre devenant alors chaque jour plus grande, il demeure plus long-temps sur l'horizon. D'un autre côté, l'obliquité des rayons diminue; ainsi, ces deux causes concourent ensemble pour augmenter l'intensité de la chaleur.

Dans les régions boréales, ces causes atteignent leur *maximum*, lorsque le Soleil décrit le tropique du Cancer. A cette époque, la chaleur n'est pourtant pas la plus grande, parce qu'elle n'est jamais l'effet de l'action instantanée du Soleil. Elle se compose de la somme des actions exercées successivement, et que l'absence du Soleil n'a pas détruites; ainsi, la chaleur diurne n'est pas la plus forte à midi, quoiqu'alors l'action instantanée du Soleil soit la plus grande : d'où il résulte que la chaleur doit être plus considérable quand le Soleil descend du tropique du Cancer à l'équateur, que lorsqu'il monte de l'équateur au même tropique. En faisant un raisonnement semblable, on concevra que le froid le plus violent ne doit pas se faire sentir lorsque l'action instantanée du Soleil est à son *minimum*; il doit augmenter pendant tout le temps que la somme de ses actions long-temps continuées diminue.

Telle est donc la marche constante des saisons : le *Printemps* naît, lorsque le Soleil paraît au premier point du Bélier; au commencement de l'*Été*, le Soleil est au tropique du Cancer; l'apparition de cet astre au premier point de la Balance, annonce la naissance de l'*Automne*, et il parvient au tropique du Capricorne, à l'origine de l'*Hiver*.

Dans les régions méridionales, l'Été commence avec l'Hiver dont on vient de parler; le Printemps avec l'Automne, et ainsi des autres.

La figure 6 présente les différentes positions de la Terre dans les circonstances relatives aux saisons.

245. Les causes générales qui ont donné lieu à cette division des Saisons, sont souvent troublées par les causes locales dont on a parlé (242), principalement dans les pays situés entre les tropiques. Dans la plupart de ces contrées, on n'observe que deux Saisons, l'Été et l'Hiver; on ne les distingue que par la sécheresse et par l'humidité. L'approche du Soleil vers le zénith de quelque lieu, est marquée par des pluies continuelles qui diminuent la chaleur : on prend ce temps pour l'Hiver. Lorsque le Soleil s'éloigne du zénith, l'humidité diminue : on prend ce temps pour l'Été. Le Soleil passe deux fois dans l'année par le zénith des peuples qui sont sous l'équateur; aussi ces peuples ont deux Étés et deux Hivers.

Il n'en est pas ainsi de ceux qui sont situés vers les tropiques : quoique le Soleil passe deux fois à leur zénith, comme il s'écoule très-peu de temps entre ces deux passages, on confond les deux Hivers et on n'y observe que deux Saisons.

246. Des deux hémisphères le boréal paraît être le moins froid : la ceinture de glace qui environne son pôle arctique ne s'étend guère qu'à dix degrés de distance, en latitude, tandis que celle du pôle antarctique se prolonge à plus de 20 degrés. De cette dernière il se détache d'énormes glaçons qui voyagent jusqu'au 65.e et même jusqu'au 55.e degré ; ce qui est à peu près la latitude de Boulogne et d'Abbeville. La même proportion se soutient de part et d'autre pour les terres que les eaux ont abandonnées, et le froid le plus rigoureux règne dans des contrées dont la latitude est la même que celle de la France ; telle est, par exemple, la Terre de feu, qui, placée dans l'hémisphère austral à l'extrémité de l'Amérique, est couverte de neiges éternelles.

Des Crépuscules.

247. On appelle *crépuscules* la lumière plus ou moins vive qui précède l'instant où le Soleil paraît sur l'horizon, et qui reste encore après que cet astre en a disparu.

248. Il y a donc deux crépuscules, celui du matin et celui du soir. Le crépuscule du matin reçoit le nom d'*Aurore*, et les poètes en ont fait une Déesse chargée d'ouvrir les portes de l'orient. L'autre conserve particulièrement la dénomination de *Crépuscule*. Le premier commence à être visible avant la naissance du jour, du côté de l'orient, lorsque le Soleil est encore à 18 degrés au-dessous de l'horizon ; son éclat augmente toujours de plus en plus jusqu'au lever de cet astre. Le deuxième commence au coucher du Soleil, du côté de l'occident ; sa lumière diminue sans cesse, et disparaît totalement quand le Soleil est descendu de 18 degrés au-dessous du même horizon.

249. Les crépuscules sont produits par la dispersion des rayons solaires dans l'atmosphère terrestre, qui les réfracte et les réfléchit de toutes parts.

250. Si à une distance de 18 degrés (*) au-dessous de l'horizon,

(*) D'après les observations récentes recueillies par ces intrépides voyageurs qui depuis quelques années parcourent l'intérieur de l'Afrique et y ont fait des découvertes si intéressantes, il paraîtrait cependant que les zones torrides ne sont pas exemptes d'un froid même très-considérable. Leurs relations nous apprennent qu'il causa, par sa rigueur, la mort d'un de leurs jeunes compagnons.

on imagine un cercle qui lui soit parallèle, il déterminera le lieu où commencent et finissent les crépuscules. On le nomme *cercle crépusculaire* ou *Finiteur*.

251. La durée des crépuscules n'est pas égale pour tous les habitans de la Terre; bien plus, elle varie pour l'observateur d'une même contrée dans les différentes saisons, parce que, pour certains endroits et dans certains temps, le Soleil monte et descend perpendiculairement à l'horizon, tandis que pour d'autres son ascension et sa descente sont obliques; en sorte que dans ce dernier cas, il lui faut plus de temps pour parcourir l'arc de 18 degrés qui mesure la longueur de chaque crépuscule.

252. Pour les peuples qui ont la Sphère droite, le Soleil monte et descend perpendiculairement à l'horizon : d'où il résulte que dans le temps des équinoxes, l'arc crépusculaire est l'arc de l'équateur compris entre le finiteur et l'horizon; et conséquemment, que le crépuscule doit durer tout le temps que le Soleil emploie à parcourir sur l'équateur un arc de 18 degrés, c'est-à-dire 1 heure et 12 minutes. Ce temps augmente ensuite à mesure que l'astre du jour s'avance vers le tropique.

253. Pour les peuples qui ont la Sphère oblique, la durée des crépuscules, pendant l'Été, est d'autant plus grande qu'ils ont plus de latitude; de manière qu'à 40° 50′ de latitude Nord, comme cela est pour Paris, vers le 21 juin, le jour que le Soleil décrit le tropique du Cancer, le crépuscule du matin commence au même instant que celui du soir finit.

254. Enfin, pour les habitans qui ont la Sphère parallèle, le crépuscule doit se faire apercevoir près de deux mois avant que le Soleil se présente sur leur horizon, et durer encore autant de temps après que cet astre s'est couché pour eux. En effet, l'équateur se confond pour ces peuples avec l'horizon; le crépuscule doit donc durer tout le temps que le Soleil emploie à s'éloigner de l'équateur de 18 degrés, c'est-à-dire environ deux mois, puisqu'en trois, il parcourt près de 24 degrés, savoir : l'espace compris entre l'équateur et l'un des tropiques. Les habitans des pôles n'ont donc, dans l'année, qu'environ deux mois de nuit profonde; encore, pendant ce temps, la Lune paraît-elle deux fois sur l'horizon et les éclaire à chacune environ quatorze jours.

Dans ce qui précède, en parlant de la limite des crépuscules, on n'a pas eu égard à la réfraction astronomique qui influe sur leur durée et les prolonge de quelques instans. D'un autre côté, ce que nous en avons dit n'est applicable qu'aux plaines de la surface terrestre. Il paraît que sur le sommet des hautes montagnes, la clarté réfléchie par l'atmosphère est beaucoup plus long-temps sensible; non pas qu'elle vienne des couches mêmes où l'on est placé, car leur densité est au contraire très-faible à ces hauteurs; mais elle est réfléchie par la masse d'air, épaisse et profonde, qui borde l'horizon de toutes parts.

Pendant plusieurs nuits que Saussure passa sur une montagne des Alpes, qui a 3435 mètres de hauteur, et que l'on nomme le *Col-du-Géant*, il vit tout le contour de l'horizon bordé d'une lueur pâle, très-distincte, qui durait depuis le coucher jusqu'au lever du Soleil, quoique cet astre, au milieu de la nuit, se trouvât abaissé au-dessous des limites ordinaires du crépuscule. On a attribué ce phénomène aux vapeurs phosphoriques répandues dans l'air; mais Biot avance, avec raison, que les réflexions multipliées de la lumière dans les couches éloignées de l'atmosphère, suffissent pour produire cet effet, et peuvent ramener jusqu'à l'observateur, placé sur le sommet d'une montagne, la lumière infléchie de l'hémisphère opposé du Ciel.

LEÇON XVe.

DES RÉFRACTIONS ATMOSPHÉRIQUES ET DES PHÉNOMÈNES QU'ELLES PRODUISENT.

Ce qu'on entend par réfraction en général. — Les réfractions astronomiques et terrestres ne sont que des réfractions atmosphériques. — Des Phénomènes causés par les réfractions de l'atmosphère. — Du Soleil à l'horizon. — De la Lune horizontale. — Du Mirage. — De la *Fata Morgana.*

Des réfractions atmosphériques.

255. Les rayons lumineux qui traversent l'atmosphère, et qui ne sont point absorbés ou renvoyés par elle, éprouvent de sa part une attraction qui les écarte de la ligne droite suivant laquelle ils se meuvent ordinairement, et qui les courbe sans cesse vers la terre. C'est à ce phénomène qu'on a donné le nom de *réfraction.*

Pour concevoir la raison de ce fait, il faut savoir que les rayons de la lumière changent de direction, lorsqu'ils passent obliquement d'un milieu dans un autre, dont la densité est différente (*); par exemple, lorsqu'ils passent de l'air dans l'eau, ou du verre dans l'air. C'est ainsi qu'un bâton paraît brisé quand on le plonge obliquement dans l'eau, et que tous les objets semblent changer de place, si on les regarde à travers un prisme de verre.

(*) La *densité* d'un corps est la quantité de molécules matérielles qu'il contient sous un volume donné, par exemple, dans un centimètre cube.

256. En observant avec soin ces phénomènes, on est parvenu à en connaître la loi. Si un rayon lumineux traverse successivement deux milieux de densité différente, et qu'au point où il passe de l'un dans l'autre, on élève une perpendiculaire à leur surface commune, le rayon, en passant dans le milieu le plus dense, s'approchera de la perpendiculaire.

257. L'atmosphère étant composée d'une infinité de couches dont la densité augmente en approchant de la terre, les rayons lumineux qui la traversent sont dans le même cas que s'ils passaient successivement par une infinité de milieux différens; ils doivent donc s'infléchir vers la terre à mesure que la densité augmente.

Ce phénomène est indiqué par la figure 9, où la ligne brisée $o\ r\ r'\ r''\ r'''$ représente les directions successives que prend un même rayon lumineux, par l'effet des réfractions qu'il éprouve en traversant les différentes couches d'air a, a', a'', a'''. Et, parce que la densité de l'air à diverses hauteurs ne change que par degrés insensibles, le rayon lumineux, en traversant l'atmosphère, ne décrit pas visiblement une ligne polygonale, mais bien une courbe concave, comme $r\ n\ o$, vers la surface terrestre.

Lorsque le rayon lumineux arrive en o, à la surface de la Terre, un observateur placé dans ce point le reçoit suivant la dernière direction ro; et comme nous supposons toujours les objets sur le prolongement des rayons lumineux qu'ils nous envoient, l'observateur jugera que l'objet r est en R. S'il mesure l'angle formé par le rayon visuel avec l'horizon oh, il le trouvera égal à Roh, tandis qu'il n'équivaut réellement qu'à roh.

Il se produit un effet analogue entre deux points éloignés de la surface terrestre; par exemple, quand on observe la hauteur d'une montagne (fig. 10), le sommet s paraît en s'.

Dans le premier cas, la différence Ror des deux angles mesurés s'appelait autrefois la *réfraction astronomique*, et celle des angles analogues, dans le second cas, se nommait la *réfraction terrestre*; mais les effets produits résultant uniquement de la force réfractive de l'air et non des astres ou de la Terre, on leur a donné la dénomination générale de *réfraction atmosphérique*.

Concluons de là que l'effet de la réfraction atmosphérique est de faire paraître les objets plus élevés au-dessus de l'horizon qu'ils ne le sont réellement.

258. L'expérience a fait voir que les rayons lumineux n'éprouvent aucune réfraction quand leur direction est perpendiculaire aux surfaces des milieux qu'ils traversent. Ainsi le lieu apparent d'un objet ne change pas lorsqu'on le regarde perpendiculairement

à travers un verre dont les deux faces opposées sont parallèles ; mais il n'en est pas de même lorsqu'on le regarde obliquement, surtout si le verre a quelque épaisseur. La réfraction augmente donc à mesure que les rayons deviennent plus obliques, elle est nulle pour les rayons perpendiculaires. Par suite de cette loi, la réfraction atmosphérique est très-forte pour un astre près de l'horizon ; elle diminue pour lui à mesure qu'il s'élève ; enfin, elle devient nulle, si l'astre passe au zénith de l'observateur.

Des Phénomènes produits par la réfraction.

259. Par l'effet de la réfraction, les astres deviennent visibles avant d'être au-dessus de l'horizon. A leur coucher, on doit les voir encore lorsqu'ils sont déjà au-dessous de ce cercle.

La figure 11, où OR est le rayon lumineux et O*h* l'horizon, offre ces deux aspects.

260. La même cause peut faire voir la Lune éclipsée dans l'ombre de la Terre, quoique le Soleil et ce satellite paraissent tous deux sur l'horizon, l'un à l'occident, l'autre à l'orient. Il suffit que ces astres soient diamétralement opposés, et que l'un d'eux, le Soleil, par exemple, se trouve très-peu élevé au-dessus de l'horizon. Alors la Lune, qui lui est opposée, se trouve très-peu abaissée au-dessous de ce plan, et la réfraction, en l'élevant, parvient à la faire paraître au-dessus. Ce phénomène a été observé à Paris le 19 Juillet 1750.

261. Les crépuscules du soir et du matin sont encore causés par la réfraction de l'atmosphère ; sans elle nous verrions la nuit succéder brusquement au jour, et de même le jour à la nuit.

Du Soleil à l'horizon.

262. Par une conséquence tirée des lois de la réfraction (258), le Soleil, à l'horizon, paraît ovale et aplati dans le sens de sa hauteur.

Voici l'explication de ces phénomènes. Tous les points du disque solaire sont alors élevés par l'effet de la réfraction, mais ils le sont inégalement ; les points inférieurs le sont plus que les supérieurs, parce qu'ils sont plus près de l'horizon où la réfraction est plus forte. Le disque du Soleil doit donc sembler aplati dans le sens de sa hauteur. Sur les montagnes et sur les hautes tours situées sur le bord de la mer, cet aplatissement paraît très-considérable ; il va quelquefois jusqu'à un cinquième du diamètre apparent du Soleil.

De la Lune horizontale.

263. Le phénomène désigné sous le nom de *Lune horizontale* consiste en ce que la Lune à l'horizon, y présente une forme presque elliptique, et y paraît plus grande qu'arrivée au zénith ou au méridien.

Il est produit par les mêmes causes que le phénomène analogue du Soleil à l'horizon, c'est-à-dire par la réfraction de l'atmosphère.

Explication.

La Lune nous semble plus grande à l'horizon qu'au méridien, parce que les rayons de lumière de cet astre traversent une masse d'air plus considérable dans la première position que dans la seconde. Or, on peut admettre que la différence de réfraction, produite par celle de la longueur de l'air que traversent les rayons lunaires, est la cause principale de l'augmentation du disque de l'astre des nuits, comme on trouve qu'un objet paraît d'autant plus considérable qu'il est vu à une plus grande profondeur dans l'eau. Quoique le pouvoir amplifiant d'un morceau de verre mince ne soit pas sensible, il le devient lorsque l'épaisseur s'accroît, et se déploie conformément aux lois de l'optique. Les variations de densité qu'éprouvent les vapeurs traversées par les rayons de la Lune, rendent compte de celles de la Lune horizontale, qui paraît quelquefois plus grande dans une position que dans une autre de même hauteur.

Quant à la figure qu'elle affecte alors, il faut observer que les rayons des extrémités du diamètre horizontal frappent la surface convexe de l'atmosphère, et arrivent à l'œil sous le même angle, ce qui n'a pas lieu pour les rayons qui ont la direction du diamètre vertical; sa figure se trouve, de cette sorte, altérée et déformée. Un verre de montre placé sur un morceau de glace mince, uni, et entouré d'eau, présente le phénomène dont il s'agit; car, si on fait un petit cercle de papier, qu'on le tienne droit presque au niveau de la surface supérieure, pendant qu'on le regarde à la fois à travers la surface inférieure du morceau de glace et la plus petite moitié du diamètre de l'eau, il paraîtra elliptique, élargi suivant son diamètre horizontal, et rétréci suivant le vertical; mais cette difformité diminue à mesure qu'on le regarde en approchant la direction du zénith, où elle devient tout-à-fait nulle.

Des effets de la variation des réfractions atmosphériques.

264. La chaleur, la présence de l'eau et des vapeurs répandues dans l'air font varier sa densité, et par suite les réfractions atmosphériques doivent varier également : aussi présentent-elles souvent de très-grandes irrégularités. Par exemple, on voit, des côtes de Gênes, les montagnes de la Corse, à certains instans du jour; dans d'autres, elles paraissent plongées dans les mers. En général, les réfractions sont plus fortes en hiver qu'en été, la nuit que le jour.

265. La dépression des objets qu'on observe d'un lieu élevé varie aussi dans les mêmes circonstances. Regardez du haut d'une montagne, avant le lever du soleil, le sommet d'un édifice situé dans une vallée; ce sommet paraîtra beaucoup plus bas lorsque le soleil sera levé, parce que la présence de cet astre aura raréfié l'air de la vallée, et diminué la réfraction.

Phénomène du mirage.

266. On rapporte aussi à la réfraction atmosphérique un phénomène très-curieux, qui est connu sous le nom de *Mirage*.

Nous allons donner la description de ce phénomène, tel qu'il a été souvent observé pendant l'expédition de l'armée française en Egypte.

Le terrain de la Basse-Égypte est une vaste plaine parfaitement horizontale. Son uniformité n'est interrompue que par quelques éminences sur lesquelles sont situés les villages, qui, par ce moyen, se trouvent à l'abri de l'inondation du Nil. Le soir et le matin, l'aspect du pays est tel que le comporte la disposition réelle des objets et de leur éloignement; mais lorsque la surface du sol s'est échauffée par la présence du Soleil, le terrain semble terminé à une certaine distance par une inondation générale. Les villages qui se trouvent au-delà paraissent comme des îles situées au milieu d'un grand lac. Sous chaque village, on voit son image renversée, comme elle paraît effectivement dans l'eau. A mesure que l'on approche, les limites de cette inondation apparente s'éloignent, le lac imaginaire qui semble entourer le village se retire; enfin, il disparaît entièrement, et l'illusion se reproduit pour un autre village plus éloigné. Ainsi, comme le remarque Monge, à qui appartient cette description, tout concourt à compléter une illusion qui est quelquefois cruelle, surtout dans le désert, parce qu'elle présente vainement l'image de l'eau, dans le temps même qu'on en aurait le plus grand besoin. En voici un exemple très-frappant. Quand nos soldats voyaient au loin, sur les plaines brûlantes, le reflet du soleil, l'image renversée des maisons, des palmiers et de tous les objets de l'horizon, ils ne pouvaient douter que toutes ces images ne fussent réfléchies à quelque distance sur la surface d'un lac. Fatigués par des marches forcées, sous l'ardeur du soleil, dans un air chargé de sable, ils couraient au rivage, mais ce rivage fuyait devant eux : c'était l'air échauffé de la plaine qui prenait l'apparence de l'eau, et qui donnait cette image réfléchie du ciel et de tous les objets élevés de la Terre. Témoins de ce phénomène, les savans de l'expédition eurent, comme toute l'armée, un instant d'illusion, mais cet instant fut court : Monge en découvrit presque aussitôt la cause, et fit voir qu'il n'est qu'un jeu particulier de la réfraction atmosphérique.

En France, on aperçoit le phénomène du mirage tous les étés, à l'époque la plus chaude du jour, au midi du *département du Gard*; près des *salines de Peccais*; dans une île formée par la *Méditerranée* et deux branches du Rhône, dont une est appelée le *petit Rhône* et l'autre le *Rhône mort*. Il se manifeste également dans l'*île de la Camargue*, près de l'*étang de Valcarès*.

En Angleterre, on a observé plusieurs effets remarquables du mirage à *Ramsgate*. On en a vu de même dans les mers du Groënland et sur le lac de Genève.

De la Fata Morgana.

267. Le phénomène connu sous le nom de *Fata Morgana* n'est aussi qu'un effet du mirage. On l'observe à Naples, à Reggio et sur les côtes de la Sicile.

A certains momens le peuple se porte en foule sur le rivage de la mer, pour jouir de ce singulier spectacle : on voit dans les airs, à de grandes distances, des ruines, des colonnes, des châteaux, des palais, et une foule d'objets qui semblent se déplacer, et qui changent d'aspect à chaque instant.

Toute cette féerie n'est qu'une représentation de quelques objets terrestres, qui sont invisibles dans l'état ordinaire de l'atmosphère, et qui deviennent apparens et mobiles, quand les rayons de lumière qu'ils envoient se meuvent en lignes courbes dans les couches d'air d'inégales densités.

LEÇON XVI.e

DE LA LUMIÈRE ZODIACALE ET DES AÉROLITHES.

Lumière zodiacale. — Sa forme. — Temps le plus propice pour observer ce phénomène. — Hypothèses sur sa nature et la cause de sa production. — Des aérolithes. — Opinions sur l'origine encore inconnue de ces pierres tombées du Ciel. — On ne connaît ces corps que dans l'état où ils arrivent à la surface du globe. — Caractère général et distinctif des aérolithes. — Observations faites chez les Arabes et les Chinois sur la chute des aérolithes. — Passage curieux relatif à ce sujet, tiré d'un mémoire du savant Abel-Rémusat.

De la lumière zodiacale.

268. On a donné le nom de *lumière zodiacale* à une clarté faible, souvent assez semblable à celle de la voie lactée, que l'on aperçoit dans le ciel sous la forme d'une lance, d'un fuseau ou d'une pyramide (fig. 12), dont la base s'appuie obliquement sur

l'horizon, le sommet étant tourné vers le zodiaque. Elle fut découverte, décrite et ainsi nommée par Cassini dans le mois d'Avril 1683.

269. On s'est assuré que cette clarté accompagne toujours le Soleil, et que, dans les éclipses totales, on la voit autour de son disque comme une chevelure lumineuse. Elle est constamment dirigée dans le plan de l'équateur solaire; c'est pourquoi on ne la distingue pas aussi bien le soir dans toutes les saisons. Car, cet équateur étant diversement incliné à l'horizon, par rapport aux différentes positions du Soleil dans l'écliptique, la lumière zodiacale s'incline avec lui et se cache toute entière sous l'horizon; ou du moins, elle est fort affaiblie par les vapeurs qui s'élèvent près de la surface de la Terre.

270. Le temps le plus favorable pour observer ce phénomène est vers la fin de l'hiver ou au commencement du printemps, presque jamais pendant l'automne (*); on l'aperçoit, le soir, après le coucher du Soleil, quelquefois avant son lever, et toujours à l'endroit même où cet astre disparaît ou se présente sur l'horizon. Enfin, il est plus visible pour les peuples situés entre les tropiques que pour ceux qui habitent le voisinage des pôles.

271. On a formé plusieurs hypothèses sur la nature et la cause de cette lumière. On avait pensé d'abord qu'elle émane de l'atmosphère du Soleil; mais le célèbre Laplace a prouvé, d'après la figure qu'elle affecte, que cela est impossible. On a cru remarquer qu'elle s'affaiblit quand le Soleil a moins de taches, et qu'elle s'accroît quand il en a un grand nombre.

Des Aérolithes.

272. Les *aérolithes* sont des pierres qui tombent du ciel. On les appelle encore *météorites*.

273. L'origine de ces sortes de pierres est encore inconnue; on on a douté long-temps de leur chute, parce que l'on regardait comme un préjugé populaire l'opinion générale qui en attestait la réalité; mais le fait a été constaté de manière à ne plus laisser aucun doute sur son existence.

Les uns prétendent que les aérolithes sont lancés par les volcans de la Lune jusque dans la sphère d'attraction de la Terre; d'autres imaginent qu'ils existent tout formés dans les espaces célestes, qu'ils se meuvent avec une grande vitesse en vertu des actions planétaires, et qu'ils tombent sur notre globe quand son action sur eux devient

(*) A Paris, c'est vers le 1er Mars, à sept heures un quart du soir; au solstice d'hiver, on peut le voir le soir ou le matin.

prédominante; enfin, il y en a qui regarde les aérolithes comme des fragmens de roche que nos volcans ont lancés à une grande hauteur, et qui retombent ensuite après avoir décrit plusieurs révolutions autour de la Terre. Quelle que soit l'incertitude qui enveloppe l'origine des aérolithes, leur existence n'en est pas moins constatée en Europe depuis le commencement de notre siècle.

274. On ne connait les aérolithes que dans l'état où ils arrivent à notre sol, après avoir traversé l'atmosphère, où probablement ils se sont enflammés et même mis en état de fusion; car on en a vu qui avaient manifestement subi cette épreuve, et étaient encore brûlans à l'instant de leur chute. Sur 240 de ces météores, étudiés par M. Chladni, plusieurs ont apparu comme des queues, des bandes, des fusées de lumière, qui se rassemblaient en globe de feu; on en a observé la course rapide et entendu les explosions.

Les *étoiles tombantes* ne sont peut-être que des débris, que des points lumineux et errans, des espèces de petites comètes rendues visibles dans la traversée de notre atmosphère, par la chaleur prodigieuse qu'y développe leur marche excessivement rapide.

275. Le volume de plusieurs aérolithes a surpassé celui des nouvelles planètes; de Cérès, par exemple, qui n'a que 25 lieues de diamètre. Celui qui est tombé dans la Calabre en Mars 1813, a été accompagné de circonstances extraordinaires qui ont pu faire prendre ces pierres pour des débris de quelque masse cométaire. En effet, on vit venir de la mer, du côté de l'est, un nuage rouge qui répandit partout les ténèbres et l'effroi; on entendit dans l'air un bruit épouvantable et un mugissement semblable à celui de la mer irritée; on vit des éclairs et des traînées de feu; il tomba de grosses gouttes d'eau, des pierres et un sable rouge qui couvrit tout à la ronde. Ce sable était un composé d'argile, de chaux, de fer et de chrome.

276. Le caractère le plus remarquable des aérolithes, et qui les a fait distinguer d'abord, c'est qu'ils se ressemblent tous parfaitement. Ce sont des masses pyriteuses où l'on voit briller des grains métalliques. La surface extérieure est noire, comme si elle avait été brûlée par le feu. L'intérieur est d'un blanc jaunâtre, la forme inégale; elles ont toutes la même pesanteur spécifique, au moins à très-peu près. Leur analyse chimique donne toujours les mêmes substances, parce que, dans les mêmes proportions, elles sont composées de silice, de magnésie, de soufre, de fer à l'état métallique et de nickel.

Ces caractères communs et constans indiquent avec la plus grande évidence une même origine; et, par des rapprochemens faits entre ces substances et celles des corps terrestres analogues, on a conclu que les aérolithes ont une origine étrangère à notre globe, ou du moins qu'ils ne sont pas le produit des phénomènes qu'on y a jusqu'à présent observés.

Observations faites par les Arabes et les Chinois sur la chute des aérolithes.

Le phénomène des aérolithes, dont les académiciens de France ont eu tant de peine à reconnaître la réalité au commencement de notre siècle, était connu dès le huitième chez les Arabes; et les Chinois en avaient des observations très-exactement faites depuis une époque qui remonte à plusieurs siècles avant l'ère chrétienne.

La preuve que les Arabes connaissaient ce phénomène au temps dont on vient de parler, résulte clairement d'un passage du roman arabe d'Antar. Il y est dit qu'un berger ayant voulu arrêter un chameau qui s'échappait, lui lança une pierre et le tua. Le propriétaire survint, chercha la pierre, l'examina, et reconnut que c'était une *pierre de tonnerre: elle avait un aspect noirâtre et une dureté semblable à celle d'un roc, elle était de plus brillante et étincelante.*

Or ce sont là les caractères physiques du fer météorique très-exactement décrits dans le roman. Cette pierre fut remise à un forgeron, qui dans l'espace de trois jours, en fit une épée de deux coudées de long et de deux palmes de large (*). Cette épée joue ensuite un grand rôle dans l'ouvrage.

Quant aux Chinois, un mémoire très-curieux, que M. Abel-Rémusat, si savant dans les langues Asiatiques, a inséré dans le dixième volume des *Annales de Chimie et de Physique*, montre combien leurs connaissances sur les aérolithes sont précises et remontent à une époque reculée.

Les aérolithes sont distingués chez les Chinois sous le nom d'étoiles tombées. Il faut remarquer, dit l'auteur des lettres sur la Physique et sur les révolutions du globe, que le mot chinois qu'on traduit par *étoile* a une signification plus étendue que ce dernier chez nous, et qu'on l'emploie pour désigner tous les corps célestes, quels qu'ils soient, aussi bien les planètes, les comètes et les satellites que les étoiles fixes; de sorte qu'on pourrait soupçonner que l'hypothèse de MM. de la Place et Biot, qui donnent la Lune pour origine aux aérolithes, serait la première qui se serait présentée à l'esprit des astronomes chinois. Au reste, il y a eu des discussions en Chine, comme il n'y en a eu ici, sur l'origine de ces pierres, et on n'y a rien dit de plus satisfaisant; seulement, ayant plus d'observations précises que nous sur ce phénomène, ils connaissaient mieux les circonstances qui le précèdent ou l'accompagnent. Voici un passage curieux du mémoire qu'on vient de citer.

« Quelquefois les *étoiles tombantes* n'ont été annoncées par aucun signe particulier: le ciel étant serein, sans nuages, soit de jour, soit de nuit, on

(*) L'idée de fabriquer une épée avec du fer météorique a été réalisée de notre temps, puisqu'on construisit en 1820 une lame d'épée de deux pieds et demi de longueur avec du fer météorique trouvé au sud de l'Afrique. Cette lame appartient actuellement à l'empereur de Russie, elle a acquis par la trempe une très grande élasticité.

est surpris tout-à-coup par un bruit semblable à celui du tonnerre, et qui se fait entendre à plusieurs centaines de *li* (une dixaine de lieues), et qui accompagne la chute d'un nombre de pierres plus ou moins considérable. Le plus souvent pourtant on a observé des globes de feu qui parcouraient le ciel dans différentes directions, et avec un mouvement plus ou moins rapide; si le phénomène a lieu pendant la nuit, on observe que la lumière qui en part éclaire le ciel et la terre, et produit une clarté égale à celle du jour. Au moment où le globe éclate, on entend un fracas semblable à celui d'une maison qui s'écroule, ou au mugissement d'un bœuf. Le bruit que font les pierres en tombant est comparé au bruissement des ailes des oies sauvages. Il tombe une seule pierre, ou deux, ou un plus grand nombre; quelquefois elles tombent comme une pluie: elles sont brûlantes au moment de leur chute, et de couleur noirâtre; mais quelquefois elles sont assez légères. A l'endroit où était d'abord le globe, on aperçoit une lueur d'une certaine étendue, qu'on a coutume de comparer à un serpent, et qui subsiste plus ou moins long-temps; le ciel est plus pâle en cet endroit, ou d'autres fois il est de couleur rouge tirant sur le jaune, ou verdâtre, comme des touffes de bambou. Il est tombé des aérolithes au milieu des champs, dans les camps, dans les îles, dans la capitale. On a remarqué que les animaux en étaient effrayés. Une pierre, ou, pour parler comme les Chinois, une étoile étant tombée dans le camp Kao-Tsou, (en 546), tous les ânes qui y étaient se mirent à braire. Sous Chi-Tsoung des Tchéous postérieurs, une pierre tomba avec grand bruit près de la capitale; les chevaux et les bœufs s'enfuirent sans qu'on pût les retenir: on crut dans la ville que c'était un bruit de tambours, et les tambours du palais y répondirent. Au reste, quoique les aérolithes soient fréquemment tombés au milieu des endroits habités, on ne cite, non plus qu'en Europe, aucun exemple d'hommes qui en aient été atteints. »

Dans les auteurs Chinois, on trouve encore une multitude d'observations semblables faites depuis l'ère chrétienne. La suivante est une des plus intéressantes.

« La douzième année (en 817), à la neuvième lune, le jour de Ki-Kaï, sur les trois ou quatre heures après minuit, il parut une étoile *coulante* vers le milieu du Ciel; sa tête était comme un seau, et sa queue comme une barque de deux cents *hou* de port; elle avait plus de six *tchang* (38 mètres) de longueur, et faisait du bruit comme une troupe d'oies qui s'envolent; elle produisait une lumière semblable à celle des torches qui servent dans les illuminations. Elle passa au-dessous de la Lune, en s'avançant toujours vers l'occident: tout à coup on entendit un grand bruit, et, au moment où le globe tomba à terre, un fracas trois fois plus fort que celui d'une maison qui s'écroule. »

Quoiqu'il ne soit pas toujours fait mention d'aérolithes à la suite des explosions des bolides ou globes de feu, il est assez vraisemblable que les uns et les autres doivent être rapportés à la même cause: les Chinois ont donc été fondés à ranger ces phénomènes dans une même classe.

LEÇON XVII.e

DU FLUX ET DU REFLUX DE LA MER.

Phénomène des marées. — Ce que c'est que haute et basse mer. — Cause du flux et du reflux. — Moment où le phénomène est dans sa plus grande intensité. — Variations de la haute mer dans les différens lieux. — Ce qu'on entend par l'établissement du port. — De la marée totale. — Moyen d'avoir des observations exactes pour tous les ports.

Des marées.

277. Un phénomène qui intéresse beaucoup les navigateurs est celui du *flux et du reflux de la mer*, connu sous le nom de *marées*.

Même dans le temps le plus calme, on voit la mer se soulever pendant environ 6 heures et se précipiter avec fureur sur le rivage, qu'elle envahit peu à peu, jusqu'à une hauteur plus ou moins grande ; ensuite elle reste quelques instans stationnaire ; on dit alors qu'elle est *haute*, *pleine* ou *étale*. Bientôt elle redescend durant 6 heures et s'abaisse d'autant plus qu'elle s'est élevée davantage ; c'est le moment de la *basse mer*. La même suite de mouvemens périodiques se reproduit éternellement.

278. Les eaux de la mer jouissent d'une mobilité qui les fait céder facilement aux plus légères impressions ; l'Océan est ouvert de toutes parts, et les grandes mers communiquent entre elles : ces circonstances contribuent à la production des marées, qui ont principalement pour cause l'action combinée du Soleil et de la Lune.

279. D'abord la Lune exerce sur les parties fluides de notre globe une action semblable à celle qui est produite sur sa masse solide ; mais la fluidité permettant aux molécules un mouvement isolé, l'effet qui en résulte est modifié. La pesanteur du fluide qui est situé du côté de la Lune, est un peu diminuée, parce qu'il est plus attiré du centre de la Terre ; les parties liquides obéissent à cette attraction qui les élève un peu au-dessus de la surface de niveau du globe. Il en faut dire autant de la masse fluide qui est diamétralement opposée, parce qu'elle est moins attirée que le centre de la Terre ; d'un côté c'est le fluide qui s'élève, de l'autre c'est la surface terrestre qui, s'abaissant au-dessous du niveau, laisse le fluide plus élevé.

Pour compenser cette diminution de poids de part et d'autre du sphéroïde terrestre, deux masses d'eau s'accumulent sous forme de montagnes liquides opposées ; elles suivent la Lune dans sa marche, parcourant la surface des mers dans la rotation diurne du globe. Si elles rencontrent des rivages, elles s'y précipitent en les couvrant ; elles troublent l'eau des fleuves en leur donnant un courant opposé : c'est le *flux* ou le *flot*. Les points de la mer éloignés de 90° en longitude, et qui sont, pour ainsi dire, en quadrature, éprouvent un effet contraire ; les eaux s'y affaissent autant par l'effet de l'accroissement de poids, que par la communication avec les eaux du flux dont elles doivent combler le vide en s'écoulant vers elles ; les rivages qui en étaient couverts sont abandonnés ; c'est le *reflux* ou le *jusan*.

280. L'influence de la Lune sur les marées s'aperçoit encore d'une manière très-sensible, en considérant les intervalles de leurs retours. Ces intervalles, dit Biot, à qui j'emprunte les pages suivantes, ne sont pas toujours exactement les mêmes, mais ils ont cependant une durée moyenne dont ils s'écartent peu ; elle est de $1^j,035050$. Pendant ce temps, il y a deux basses mers et deux pleines mers. Or c'est précisément le temps que la Lune emploie pour revenir au méridien par l'effet de son moyen mouvement, et cette période du flux et du reflux peut s'appeler un jour lunaire.

On conçoit donc que, si la pleine mer a eu lieu aujourd'hui dans un port, à 0^h, demain elle arrivera à $0^h,35050$; après-demain à $0^h,70100$; et ainsi successivement en retardant de $0^h,35050$; mais dans l'intervalle, il y aura une autre pleine mer, que l'on pourra nommer la pleine mer du matin, et qui arrive le premier jour à $5^h,17525$; le second jour à $5^h,17525 + 0^h,35050 = 5^h,52575$; et ainsi de suite.

281. Cependant cette marche ne s'observe pas exactement. Le retard journalier d'une marée sur l'autre est quelquefois un peu plus grand que $0^h,35050$, et quelquefois il est moindre ; mais cela ne fait que montrer encore mieux l'influence de la Lune sur ces phénomènes. Car cet astre n'a pas non plus une marche régulière ; il est assujetti à plusieurs inégalités, qui sont dans un accord parfait avec les retards et les variétés que les marées éprouvent. On peut donc regarder cette action de la Lune, quelle que soit sa nature, comme une vérité incontestable.

282. Quant à l'influence du Soleil sur le phénomène qui nous occupe, elle est aussi sensible, mais beaucoup moins que celle de la Lune. On remarque constamment que les plus grandes marées ont lieu dans les syzigies (la nouvelle et la pleine Lune), et les

plus petites dans les quadratures; ensorte que la seule observation des phases de la Lune peut faire prévoir leur retour.

283. Les marées augmentent d'intensité quand la Lune et le Soleil sont plus près de la Terre; elles diminuent lorsque ces astres s'en éloignent. Mais même dans cet effet secondaire, l'action de la Lune conservera sa supériorité; et les variations de ces distances y seront surtout sensibles. Enfin les déclinaisons (*) des deux astres y produisent aussi des modifications.

284. Tout ce qu'on vient de dire doit s'entendre d'une mer très-étendue de toutes parts, comme l'Océan. Dans de petites mers et près des rivages, les mouvemens des eaux peuvent être gênés et contrariés par les obstacles qu'ils rencontrent, et les instans des marées varient suivant les temps nécessaires pour que les ondulations se propagent. C'est ce qui arrive dans nos ports, quoi qu'ils soient situés sur le même Océan. L'heure de la haute mer est fort différente de l'un à l'autre, quoique constante dans chaque port. A Dunkerque, par exemple, la pleine mer a lieu un demi-jour après le passage de la Lune au méridien; à Brest, c'est $3^h,30'$; à St.-Malo, c'est 6^h; à Dieppe, $10^h,\frac{1}{2}$; etc. Ainsi, il est $3^h,30'$ à Brest lorsque la mer est haute, le jour de la nouvelle et de la pleine Lune. L'heure où ce phénomène arrive le jour de la nouvelle Lune, se nomme l'*établissement du port*. C'est de cette époque qu'il faut partir pour calculer les retards successifs des marées d'un jour à l'autre, et les instans auxquels elles doivent arriver.

Si l'on conçoit un large canal ouvert d'un côté dans la mer et se prolongeant de l'autre au loin dans les terres : lorsque le flux arrivera à l'embouchure, le mouvement des ondes se propagera successivement jusqu'à l'autre bout du canal; mais ces oscillations se feront sentir d'autant plus tard que la distance à la mer sera plus grande. Telle est l'idée qu'on doit se faire du retard des marées dans les différens ports.

285. On voit donc que les influences de la Lune et du Soleil sur les marées, sont modifiées par les positions respectives de ces deux astres, par les variations de leurs distances à la Terre, par leurs déclinaisons, et enfin par les objets de tous genres que les circonstances locales opposent au mouvement des eaux. C'est l'ensemble de toutes ces causes qui détermine la hauteur totale des marées dans chaque port. Je ne parle pas de l'effet passager des vents, qui, en

(*) Par *déclinaison* on entend l'arc qui mesure la distance à l'équateur du parallèle que décrit un astre: elle est *australe* ou *boréale*, selon que l'astre observé est situé dans l'hémisphère méridional ou septentrional.

6

soulevant la mer au-dessus de son véritable niveau, peuvent produire des inondations et causer de grands ravages.

286. Plus la mer s'élève lorsqu'elle est pleine, plus elle descend dans la basse mer suivante. On appelle marée totale la demi-somme de deux pleines mers consécutives au-dessus du niveau de la basse mer intermédiaire. La plus grande valeur de cette marée totale à Brest, est $5^{m},888$. Elle a lieu dans les syzygies. La plus petite est $2^{m},789$. Elle a lieu dans les quadratures.

287. Il serait très-important d'avoir des observations aussi exactes pour tous les autres ports; mais par malheur, elles manquent encore, et l'Institut national a cru devoir appeler sur cet objet l'attention des hommes éclairés qui habitent les villes maritimes. Il suffit d'établir une colonne verticale portant une division métrique, et d'observer chaque jour, ou du moins assez souvent, l'heure précise de la haute et de la basse mer, et le point de la plus grande élévation et du plus grand abaissement des eaux; mais comme la hauteur de la mer varie très-lentement en approchant de ces termes extrêmes, il faut, pour la déterminer avec exactitude, employer des observations correspondantes faites avant et après, lorsque la mer a atteint la même hauteur. Si ces observations sont peu éloignées du maximum ou du minimum, la haute ou la basse mer répondra au milieu de l'intervalle qui les sépare, mais il faudra pour cela qu'elles ne soient pas trop distantes; car on tomberait ainsi dans des erreurs très-graves, parce que la mer emploie un peu plus de temps à descendre qu'à monter. A Brest, cette différence s'élève à neuf ou dix minutes.

288. On a calculé la force attractive du Soleil et de la Lune sur les eaux; on a trouvé que la première était capable de les élever sous l'équateur à 2 pieds environ, et que la seconde produisait un effet trois fois plus grand; ce qui fait en tout, à-peu-près, 8 pieds de marée dans une mer libre. Mais cette hauteur est souvent diminuée par la résistance du fond de la mer; tellement qu'elle n'est que de 3 pieds à l'île de Ste-Hélène, au cap de Bonne-Espérance, dans les Philippines et les Moluques, et d'un pied dans le milieu de la mer du Sud; au contraire elle est souvent augmentée par la situation et la figure des côtes, puisqu'à St-Malo, il y a jusqu'à 45 pieds de marée, et quelquefois davantage.

Ce qui précède, joint à ce que j'ai déjà dit sur ce sujet dans la leçon XIX.e de mon Cours de Physique générale appliquée aux arts, offre tout ce qu'on a écrit de plus intéressant et de plus exact sur le phénomène des marées. Ceux qui désireront apprendre à calculer et à prédire leur retour peuvent recourir à l'Uranographie de Francœur.

LEÇON XVIII.

DU TEMPS ET DE SA MESURE.

Idée qu'on doit se former du temps. — Des différentes sortes de jours. — Du temps vrai et du temps moyen. — Ce qu'on entend par équation du temps. — De l'année. — De l'année lunaire et de l'année solaire. — Commencement de l'année. — Sa division.

Du Temps.

289. Le *Temps* est, par rapport à nous, dit le célèbre Laplace, l'impression que laisse dans la mémoire une suite d'événemens dont nous sommes certains que l'existence a été successive.

Le mouvement est propre à lui servir de *mesure;* car un corps ne pouvant pas être dans plusieurs lieux à la fois, il ne parvient d'un endroit à un autre qu'en passant successivement par tous les lieux intermédiaires. Si l'on est assuré qu'à chaque point de la ligne qu'il décrit, il est animé de la même force, il la décrira d'un mouvement uniforme, et les parties de cette droite pourront mesurer le temps employé à les parcourir. Quand un pendule, à la fin de chaque oscillation, se retrouve dans des circonstances parfaitement semblables, les durées de ces oscillations sont les mêmes, et le temps peut se mesurer par leur nombre. On peut aussi employer à cette mesure les révolutions successives de la Sphère céleste, dans lesquelles tout paraît égal : mais on est unanimement convenu de faire usage, pour cet objet, du mouvement apparent du Soleil, dont les retours au méridien et au même équinoxe forment les jours et les années.

Du Jour.

290. On a déjà vu que la présence ou l'absence du Soleil produit le *jour* ou la nuit (227), et que le *jour astronomique* ou *solaire* embrasse toute la durée de la révolution diurne de cet astre (228). Indépendamment de ces deux sortes de jours, on distingue encore le *jour sidéral* et le *jour moyen*.

291. Le *jour sidéral* est le temps qui s'écoule pendant une révolution entière du Ciel, ou celui qui est nécessaire pour que les 360 degrés de l'equateur passent au méridien.

292. Le jour astronomique surpasse le jour sidéral; car, si le Soleil traverse le méridien au même instant qu'une étoile, le jour suivant il y reviendra plus tard, en vertu de son mouvement

propre par lequel il s'avance d'occident en orient ; et dans l'espace d'une année, il passera au méridien une fois de moins que l'étoile.

293. Les jours astronomiques ne sont pas égaux ; deux causes, l'inégalité du mouvement propre du Soleil et l'obliquité de l'écliptique, produisent leurs différences.

294. La durée des jours astronomiques n'étant pas constante, il en résulte que les parties qui les composent doivent varier en différens jours. Pour les ramener à l'égalité, on considère le nombre des heures d'une ou plusieurs révolutions du Soleil dans l'écliptique, puis on divise le temps total en autant de parties égales qu'il y a d'heures. Alors, chacune de ces parties égales prend le nom d'*heure moyenne*, et le jour composé de 24 heures ainsi déterminées, se nomme *jour moyen*.

Temps vrai et Temps moyen.

295. Le *temps solaire apparent*, improprement appelé *temps vrai*, est le nombre des jours astronomiques écoulés depuis une époque fixe ; le *temps moyen* se compose des jours moyens écoulés depuis la même époque.

Équation du Temps.

296. Le temps vrai ne correspond exactement avec le temps moyen que quatre fois dans l'année, savoir : le 14 Avril, le 15 Juin, le 30 Août et le 23 Décembre. Il suit delà, qu'en supposant une pendude parfaitement réglée qui marquera midi au 14 Avril, à l'instant où le centre du Soleil sera dans le méridien, elle ne doit marquer la même heure que le Soleil qu'aux quatre époques précitées ; tous les autres jours, elle doit indiquer des heures différentes. C'est cette différence qui règne chaque jour entre le temps vrai et le temps moyen qu'on appelle *équation du temps*.

297. Une pendule est réglée sur le *temps moyen*, quand elle marque 23 heures 56 minutes 4 secondes (*) pendant le retour d'une étoile au méridien. Elle répondrait au mouvement diurne des étoiles, si elle indiquait 24 heures durant cette révolution.

On peut remarquer que dans la détermination des mouvemens périodiques des corps célestes, il est toujours question des jours et des heures du temps moyen.

(*) Ce temps n'est autre chose que la durée du jour sidéral, exprimée en heures moyennes. On peut s'en convaincre par ce qui suit.

Puisque dans une année, qui comprend 365 jours 5 heures 48′ 48″, le Soleil passe au méridien une fois de moins qu'une étoile (292), il est évident que chaque jour il sera en retard de $\frac{360^\circ}{365j.\,5h.\,48'48''}$ ou

De l'Année.

298. On nomme *année* le temps qu'une planète emploie à parcourir son orbite.

De là résulte évidemment autant de sortes d'années qu'il y a de diverses périodes dans le cours des planètes. Mais, comme les peuples de la Terre n'ont fait usage, pour mesurer le temps, que du mouvement apparent du Soleil et du mouvement réel de la Lune, nous ne parlerons que des années relatives à ces deux astres.

Année lunaire.

299. C'est un espace de 12 *lunaisons*, ou 12 mois synodiques lunaires (127), qui comprennent ensemblent 354 jours. Elle est communément plus courte que l'année solaire de 11 jours.

300. Les peuples se sont long-temps servis de cette année, qu'ils ont ensuite abandonnée par rapport à la difficulté qu'il y avait de la faire correspondre avec les mouvemens célestes et les Saisons.

Cependant les Turcs et les Juifs en font encore usage; et, lorsque les 11 jours d'excès suffisent pour faire une lunaison, ce qui arrive tous les trois ans, puisque au bout de ce temps il y a environ 3 fois 11 ou 33 jours de trop, ils donnent 13 mois à leur année et l'appellent *embolismique*. C'est par ce moyen qu'ils font accorder les révolutions du Soleil avec celles de la Lune.

De l'Année Solaire.

301. L'*année solaire* est ou *astronomique* ou *civile*.

302. L'*année astronomique* est appelée *siderale* ou *tropique*, selon qu'elle exprime le temps que la Terre met à effectuer une révolution dans son orbite (60), ou celui que le Soleil emploie pour revenir à l'équinoxe du Printemps. La durée de la première est de 365 jours $6^h\ 9'\ 11''$; celle de l'année tropique n'embrasse que 365 jours $5^h\ 48'\ 48''$. L'une surpasse donc l'autre de $20'\ 23''$.

---

de $59'\ 8''$. Ainsi, pour être avec l'étoile, le Soleil devra s'avancer journellement de $59'\ 8''$, ou parcourir $360°\ 59'\ 8''$ de l'équateur, tandis que l'étoile n'en parcourra que 360. Or, le nombre $360°\ 59'\ 8''$ représente les degrés de l'équateur que le Soleil doit décrire dans un jour moyen; ce jour est donc au jour sidéral (291), dans le même rapport que les nombres $360°\ 59'\ 8''$ et $360°$, ou :: $1299548'' : 1296000''$. En sorte que pour trouver la longueur de celui-ci en heures moyennes, sachant que le premier en renferme 24, on aura cette proportion:

$$1299548'' : 1296000'' :: 24h : x,$$

de laquelle on tire

$$x = 23h\ 56'\ 4'';$$

c'est-à-dire que le jour sidéral est de $23h\ 56'\ 4''$ moyennes. Il est conséquemment de $3'\ 56''$ plus petit que le jour moyen.

L'équinoxe du Printemps rétrogradant sans cesse (171), chaque année le Soleil ne décrit pas toute l'écliptique ; cet astre coupe l'équateur avant de se trouver au point d'où il était parti, et la différence est d'environ 50″. C'est ce qui cause l'excès de l'année sidérale sur l'année tropique.

303. L'*année civile* est celle dont se servent les nations pour leurs usages. On la nomme *commune* ou *bissextile*, suivant que sa durée comprend 365 ou 366 jours. Romulus ne l'avait composée que de 304 jours, ou 10 mois, qui, commençant par le mois de *Mars*, finissaient par celui de *Décembre*. Numa Pompilius y ajouta les mois de *Janvier* et de *Février ;* de manière que les années communes étaient de 355 jours. On avait réglé que les autres seraient de 377 ou 378 jours, afin de suivre le cours du Soleil. Mais les Pontifes chargés d'indiquer ces années intercalaires en supprimèrent quelques unes, et la confusion devint si grande, que les mois d'Automne répondaient à l'Hiver quand Jules César fut nommé Dictateur.

304. Supposant que le Soleil achevait sa révolution en 365 jours 6 heures, Jules César ordonna 1.° Que l'an 708 de Rome serait de 14 mois ; 2.° Qu'il y aurait trois années communes de 365 jours, et que la quatrième serait de 366 jours, à cause des 6 heures qui forment un jour dans l'espace de quatre ans. Le jour intercalaire fut placé au mois de Février, et la quatrième année reçut le nom de *bissextile*, parce qu'il y avait alors, dans le mois de Février, deux jours qui étaient appelés le sixième des calendes de Mars.

Cet arrangement fut nommé le *Style Julien*. Comme il suppose l'année tropique de 365 jours 6 heures, tandis qu'elle n'est réellement que de 365 j. 5 h. 48′ 48″ (302), l'excès 11′ 12″ avait produit, en 1582, une erreur de 10 jours ; de sorte qu'on se trouvait en retard sur le Soleil, qui passait à l'équinoxe du Printemps le 11 de Mars, au lieu du 21, ainsi que cela arriva au temps du Concile de Nicée qui fut célébré en 325.

305. Pour obvier à cet inconvénient du Calendrier Julien, le Pape Grégoire XIII, après avoir consulté d'habiles astronomes, fit retrancher ces 10 jours du mois d'Octobre de l'an 1582. Le 5.° jour devint le quinzième ; et afin que l'équinoxe du Printemps ne s'éloignât plus du 21 Mars, on arrêta que sur quatre années séculaires (*), qui devaient être bissextiles, il y en aurait trois de 365 jours, à commencer par 1700.

C'est là ce qu'on appelle la *réforme du Calendrier*, ou le *Style Grégorien*.

(*) On nomme *année séculaire*, celle qui termine un siècle : telles son 1500, 1600 1700, etc.

Cette opération diminue les quatre siècles de 3 jours, ou de 4320'; mais les 11' 12" répétées 400 fois donnent 4480'; les quatre siècles sont donc encore trop longs de 160', et l'on aura un jour de trop après 3600 ans. D'où il suit que vers l'an 5182, il faudra compter une année bissextile pour une année commune, c'est-à-dire retrancher un *bissexte* de plus.

Commencement de l'année.

306. L'origine de l'année a parcouru successivement toutes les Saisons, tant que sa longueur n'a pas été déterminée sur la connaissance exacte du mouvement de la Terre autour du Soleil.

Quelques nations ont fixé le premier jour de leur année aux solstices; d'autres aux équinoxes; plusieurs ont préféré à une époque de Saison, une époque historique. La France jusqu'en 1564, avait commencé l'année à Pâques; mais Charles IX, qui régnait alors, fixa son origine au premier Janvier, époque que nous avons conservée 227 ans, quittée pendant le règne affreux de la terreur et reprise en 1805, quoiqu'elle ne s'accorde ni avec les Saisons, ni avec les Signes, ni avec l'histoire du temps.

Cependant, il faut convenir que ce serait à l'équinoxe du Printemps, à la renaissance de la Nature, qu'il conviendrait de fixer l'origine de l'année.

Division de l'année.

307. L'année se trouve divisée naturellement en quatre parties par les Saisons; chacune de celles-ci a été divisée en trois mois, qui sont composés tantôt de 28, 29, tantôt de 30 et 31 jours. Leurs noms sont, à partir du premier, *Janvier*, *Février*, *Mars*, *Avril*, *Mai*, *Juin*, *Juillet*, *Août*, *Septembre*, *Octobre*, *Novembre* et *Décembre*.

308. Dans les années *communes*, Février n'a que 28 jours; lorsqu'elles sont *bissextiles*, il en a 29. Avril, Juin, Septembre et Novembre renferment constamment 30 jours; les sept autres en contiennent 31.

309. Chaque mois se subdivise en *Semaines*; la Semaine est composée de sept jours, dont les noms dérivent de ceux des principales planètes sous la domination desquelles les anciens astronomes les avaient placées. Ainsi leur premier jour, appelé *Samedi*, était consacré à *Saturne*; le *Dimanche*, au *Soleil*; le *Lundi*, à la *Lune*; le *Mardi*, à *Mars*; le *Mercredi*, à *Mercure*; le *Jeudi*, à *Jupiter*, et le *Vendredi*, à *Vénus*.

De là il suit, qu'un mois se compose de 4 semaines, ou de 4 semaines plus 1, ou 2, ou 3 jours, selon qu'il renferme 28, 29, 30 ou 31 jours.

310. Tous les peuples ne prennent pas le même jour pour le premier de la Semaine.

Les Chrétiens la commencent le Dimanche; les Juifs le Samedi; les Mahométans le Vendredi; et les Païens, suivant quelques auteurs, le Mardi.

LEÇON XIXe.

DU CALENDRIER ET DES CYCLES.

Du Calendrier romain. — Commencement et divison du jour. — Des Cycles. — De l'Olympiade. — Du Lustre. — De l'Indiction. — Du Cycle lunaire et du Cycle solaire. — Lettres dominicales.

Du Calendrier Romain.

311. Le mois des Romains se divisait en *calendes*, *ides* et *nones*.

On appelait *calendes* le premier jour de chaque mois. Ce mot vient du verbe *calare*, qui signifie *appeler*, parce que le 1er de chaque mois, les Pontifes avaient soin de faire assembler le peuple au Capitole, pour l'instruire de la conduite qu'il avait à tenir pendant le cours du mois, tant par rapport aux cérémonies religieuses qu'au commerce.

Les *nones* étaient le 5.e jour, excepté dans les mois de Mars, de Mai, de Juillet et d'Octobre, où elles tombaient le septième. Elles avaient été ainsi nommées, parce que de ce jour-là aux ides, on comptait neuf jours.

Les *ides* étaient le 13.e jour des quatre mois que l'on vient de citer, et le 15.e de tous les autres. Elles prennent leur nom du verbe *iduare*, partager, parce qu'elles divisent le mois en deux parties presque égales.

Les jours qui étaient entre les calendes et les nones prenaient leur dénomination des nones; ceux qui se trouvaient entre les nones et les ides, prenaient la leur des ides; ceux compris entre les ides et les calendes du mois suivant, la tiraient des calendes. Et comme les jours qui empruntaient leur nom des calendes, étaient en plus grand nombre que ceux qui le tiraient des nones et des ides, de là vient que les Romains ont appelé *Calendrier* la distribution des jours de leurs mois.

Commencement du Jour.

312. Toutes les nations n'ont pas fixé le commencement du jour au même instant : les Athéniens le plaçaient au coucher du Soleil ; les Babyloniens, à son lever. Les Italiens font naître le jour au moment où cet astre disparaît de l'horizon, et depuis lors jusqu'à sa fin, ils comptent 24 heures. Les Juifs le commencent aussi au coucher du Soleil : mais, à partir de là, ils comptent 12 heures égales jusqu'à ce que cet astre reparaît sur l'horizon, et autant depuis son lever jusqu'à son coucher ; pour eux, les heures du jour sont donc tantôt plus grandes et tantôt plus courtes que celles de la nuit. Un quart d'heure après le Soleil couché, est l'instant d'où partent les Turcs pour compter la première heure du jour ; et quand ils en ont compté 12 égales, ils en distinguent 12 autres jusqu'au soir suivant. Enfin, la plupart des États catholiques ont placé l'origine du jour à minuit (*).

Division du Jour.

313. Les limites du jour et de la nuit, le milieu de l'un et de l'autre, divisent naturellement le jour ; cependant chaque peuple a eu très-longtemps sa manière de le partager, et tout, jusqu'au chant du coq, a servi pour cela.

314. Après avoir employé plusieurs divisions arbitraires, les peuples de l'Europe ont fini par adopter celle du jour en 24 heures, que les uns comptent de suite et les autres en deux fois 12 heures.

315. Pendant quelques années, les Français ont fait usage de la division décimale du jour. Ainsi, ils le partageaient en 10 *heures*, l'heure en 100 *minutes*, la minute en 100 *secondes*, la seconde en 100 *tierces*.

Cette division aurait été véritablement la plus simple à conserver, si dans la construction de toutes nos machines destinées à mesurer le temps, on n'avait employé la division sexagésimale.

Des Cycles.

316. On nomme *Cycles* différentes périodes astronomiques ou civiles, dont on se sert dans la Chronologie, pour fixer les époques des événemens historiques.

On distingue principalement l'Olympiade, le Lustre, l'Indiction, le Cycle Lunaire, le Cycle Solaire, les Épactes, le Cycle des Hébreux, le Siècle, la Période Victorienne et la Période Julienne.

(*) A Bâle en Suisse, on commence le jour une heure plutôt qu'ailleurs, c'est-à-dire à 11 heures du soir, en mémoire du service que rendit à cette ville celui qui rompit un complot de ses ennemis en faisant sonner à l'horloge minuit pour onze heures.

De l'Olympiade.

317. L'*Olympiade* était une révolution de quatre années, à la fin desquelles toute la Grèce s'assemblait sur les bords du Fleuve Alphée, auprès d'Olympie, pour célébrer les *Jeux Olympiques*, institués par Hercule l'an du monde 2786. Ces jeux, long-temps interrompus par les désordres de la guerre, recommencèrent l'an 3120, par les soins d'Iphitus, Souverain d'un Canton de l'Élide. Mais, ce n'est pas de là que partent les historiens Grecs pour compter leurs Olympiades; ils fixent la première au temps où Corébus remporta le prix à la course du Stade; ce qui arriva seulement 108 ans après le rétablissement des jeux par Iphitus, c'est-à-dire, 776 ans avant la naissance de Jésus-Christ.

318. Pour trouver l'Olympiade qui répond à une année de la création du Monde, il faut soustraire 3228 du nombre qui la représente, et diviser le résultat par 4.

Exemple. La naissance d'Alexandre-le-Grand date du même jour qu'Érostrate brûla le Temple de Diane à Éphèse pour s'immortaliser, l'an du Monde 3648. On demande dans quelle Olympiade arrivèrent ces deux événemens.

Otez 3228 de 3648, puis divisez l'excès 420 par 4; le quotient étant exactement 105, marque qu'il y a 105 Olympiades révolues, et conséquemment que l'époque donnée répond au commencement de la 106.e Olympiade.

On retranche 3228 de l'année proposée, parce que les Olympiades n'ont commencé que 3228 ans après la Création.

319. Réciproquement, pour savoir à quelle année du Monde répond celle d'une Olympiade quelconque, on multiplie par 4 le nombre qui exprime l'Olympiade donnée, on retranche du produit les années qui manquent pour compléter la dernière Olympiade, et à la différence on ajoute 3228.

Exemple. Voulant connaître l'an du Monde auquel se rapporte la première année de la 12.e Olympiade, époque où Archias de Corinthe, issu de la race des Héraclides, bâtit Syracuse en Sicile: on multiplie 12 par 4, ce qui donne 48; de ce produit on ôte 3, parce qu'il manque 3 ans pour compléter la 12.e Olympiade; enfin, au reste 45, on ajoute 3228, et la somme 3273 indique l'année cherchée.

Du Lustre.

320. Le *Lustre* est un espace de cinq années, après lesquelles les Censeurs Romains faisaient la revue générale et le dénombrement de tous les citoyens et de leurs biens.

Son nom vient du mot *Lustrum*, qu'on employait pour désigner le sacrifice expiatoire qu'on faisait après cette cérémonie. Il fut institué par Servius-Tullius, sixième Roi de Rome, vers l'an 180 de la fondation de cette ville.

De l'Indiction.

321. L'*Indiction* est une révolution de quinze années Juliennes, qu'on suppose avoir commencé au premier de Janvier, trois ans avant l'ère chrétienne.

Cette période, qui n'est point astronomique, a été introduite sous les Empereurs Romains. Elle est relative à certains actes judiciaires qui se faisaient à des époques réglées. On s'en sert encore à la Cour de Rome pour l'expédition des bulles.

322. Pour connaître l'Indiction d'une année écoulée depuis la naissance de Jésus-Christ, il faut ajouter 3 à l'année proposée, puis diviser la somme par 15 : le quotient exprime le nombre des Indictions déjà révolues, et le reste, s'il y en a un, marque le Cycle cherché ; s'il n'y en a point, 15 est l'Indiction de l'année dont il s'agit.

Exemple. On demande quelle sera l'Indiction de l'an 1834?

A 1834 ajoutez 3, et divisez la somme 1837 par 15; le quotient sera 122 et le reste 7 : ce qui nous apprend qu'il y a 122 Indictions d'écoulées et que l'an 1834 aura 7 d'Indiction. Cette année est donc la 7.e de la 123.e Indiction.

Du Cycle Lunaire.

323. Le *Cycle Lunaire* est un intervalle de 19 années Juliennes, après lequel les nouvelles Lunes et les différentes phases qui les suivent, reviennent aux mêmes jours de l'année. Il renferme 235 lunaisons complètes qui valent $6939^{j}.\ 16^{h}.\ 31'$, tandis que les 19 années solaires contiennent $6939^{j}.\ 14^{h}.\ 25'$, et la différence n'excède pas 2 heures 6 minutes.

Méton proposa cette période aux jeux Olympiques, vers l'an 432 avant Jésus-Christ. Elle fut reçue avec un applaudissement général, et les Grecs lui donnèrent le nom de *Cycle d'Or*, pour indiquer son utilité.

324. Le *Nombre d'Or* est celui qui désigne l'année du Cycle lunaire. On le nomme ainsi, parce que, dans l'ancien Calendrier, on écrivait les nombres de cette période en caractères d'or, qu'on plaçait à côté des jours de chaque mois, auxquels arrivaient les nouvelles Lunes.

325. Pour trouver le Nombre d'Or d'une année quelconque de l'ère vulgaire, il faut ajouter 1 à cette année, et diviser le résultat par 19 : le quotient fait connaître les Cycles écoulés, et le reste de

la division est le Nombre d'Or cherché. Quand cette dernière opération s'effectue exactement, le Nombre d'Or est 19.

On augmente l'année proposée d'une unité, parce qu'à la naissance de Jésus-Christ, il y avait un an que le Cycle d'Or était révolu.

Exemple. Pour l'an 1834, on divise 1834+1, ou 1835, par 19; le quotient est 96, et le reste 11; par conséquent 1834 aura 11 pour Nombre d'Or.

Du Cycle Solaire.

326. Le *Cycle Solaire* est une période de 28 années Juliennes, après lesquelles les jours de la Semaine reviennent dans le même ordre aux mêmes jours des mois.

La Semaine étant composée de sept jours, chaque année commune, de 365 jours, contient 52 Semaines et un jour de reste. Si toutes les années étaient de cette durée, les restes formeraient une Semaine en 7 ans; mais les bissextiles qui reviennent de 4 en 4 ans, interrompent cet ordre, parce qu'elles ont un jour de plus; ce n'est donc qu'après 7 bissextiles, ou 4 fois 7 ans, que le cercle entier de ces inégalités se trouve révolu, et il en résulte une période de 28 ans pour la durée du Cycle Solaire. En cela, on n'a point d'égard à la suppression séculaire de la bissextile prescrite par la réforme Grégorienne (305).

327. Pour avoir le Cycle Solaire d'une année de Jésus-Christ, il faut augmenter de 9 unités le nombre qui la représente, puis diviser la somme par 28. Le quotient indiquera les Cycles qui se sont passés depuis leur origine, et le reste, s'il y en a un, sera le Cycle de l'année proposée; s'il n'y en a point, ce sera 28.

On ajoute 9 à l'année proposée, parce que cette période est supposée avoir commencé 9 ans avant l'ère chrétienne.

Exemple. Par cette règle, on trouvera facilement que l'an 1834 aura 23 de Cycle Solaire.

Les lettres dominicales.

On appelle *lettres dominicales* les sept premières lettres de l'alphabet, que l'on place vis-à-vis les jours du mois, et qui marquent successivement, pendant le cours du Cycle solaire, les dimanches de chaque année. De ces lettres, la première A, indique toujours le 1er Janvier, B le 2, C le 3, ainsi de suite jusqu'au 7 désigné par G, et le 8 recommence par A. Il résulte de là que, connaissant la lettre qui marque le dimanche de cette année, elle sera la même pour tous les autres. On conçoit aisément que l'année suivante ne commençant plus par le même jour de la semaine, la lettre A, qui est invariable, désignera ce jour, et le dimanche changera également de lettre.

LEÇON XX.e

SUITE DES CYCLES. DES ÈRES ET DES ÉPOQUES.

Des Épactes. — Du Cycle des Hébreux. — Du Siècle. — De la Période Victorienne. — De la Période Julienne. — Des Ères. — Des Époques. — De l'Anachronisme. — Moyen facile de déterminer l'époque de la fête de Pâques.

Des Épactes.

328. Les *Épactes* sont des nombres qui marquent pour chaque année, quel âge avait à peu près la Lune au commencement de l'année précédente.

Quand on dit, par exemple, qu'une année a eu 3 d'Épacte, cela signifie que la Lune avait 3 jours lorsque cette année a commencé.

329. L'âge de la Lune, c'est-à-dire le temps écoulé depuis la conjonction de cet astre avec la Terre, vient de l'excès de l'année solaire sur l'année lunaire; il augmente donc chaque année d'environ 11 jours (299). Ainsi, lorsque la première année du Cycle d'Or est écoulée, la Lune a 11 jours: l'Épacte de la seconde année est donc 11; celle de la troisième 22; celle de la quatrième 33, ou simplement 3, en retranchant 30, quoique la révolution de la Lune ne soit que de $29^j\ 12^h\ 44'\ 3''$ (127).

L'Épacte n'augmentant pas tout-à-fait de 11 jours chaque année, c'est pour compenser à peu près ce qu'il y a de trop, que l'on compte dans ce calcul les révolutions de la Lune, comme si elles étaient de 30 jours.

330. Pour trouver l'Épacte d'une année comprise entre 1700 et 1900, il faut multiplier le Nombre d'Or de l'année proposée par 11, et ôter 11 du produit: si la différence ne surpasse pas 30, c'est l'Épacte cherchée; si elle excède 30, on la divise par 30, et le reste donne l'Épacte; enfin, s'il n'y a pas de reste, l'Épacte est 0, ou 30.

Lorsque le Nombre d'Or est 1, on multiplie 1 par 11, cela produit 11; d'où ôtant 11, il reste 0; ainsi, au Nombre d'Or 1, correspond l'Épacte 0, ou 30, dans la série de celles qui se passent maintenant.

On ôte 11 depuis 1700 jusqu'à 1900, à cause des 10 jours que l'on retrancha au temps de la réformation, et 1 sur l'année 1700 qui ne fut pas bissextile (305). L'an 1800 a été aussi une année commune, et si on n'a pas retranché un jour sur cette année, c'est qu'alors celle de la Lune s'était accrue en même temps d'un jour; ensorte que l'un a compensé l'autre, et tout est resté égal. Mais il n'en sera pas ainsi pour 1900; la soustraction d'un jour aura lieu, et il faudra, à partir de là, retrancher 12 du produit du Nombre d'Or par 11, pour obtenir les Épactes des années qui s'écouleront jusqu'en 2200 exclusivement.

331. Problème. Trouver l'âge de la Lune pour un jour quelconque.

Pour l'obtenir, ajoutez ensemble l'Épacte, le nombre des mois écoulés depuis Mars inclusivement, jusqu'à celui dont il s'agit, aussi inclusivement, et le quantième du mois. La somme, si elle est au-dessous de 30, sera l'âge de la Lune; mais si elle surpasse 30, l'âge cherché sera l'excès au-dessus de 30, lorsque le mois a 31 jours, et l'excès au-dessus de 29, s'il n'en contient que 30.

Ainsi, voulant savoir quel était l'âge de la Lune le 18 Mars 1817: on ajoute ensemble les nombres 12, 1 et 18, qui sont respectivement l'Épacte, le mois de Mars, et le quantième; la somme 31 diminuée de 30, ou 1, indique que la Lune a eu 1 jour, le 18 Mars 1817.

S'il s'agissait de Janvier ou Février, on ajouterait seulement l'Épacte et le quantième du mois.

Cela est fondé sur ce que l'âge de la Lune augmentant de 11 jours chaque année, il en résulte à peu près un jour d'augmentation par mois.

Du Cycle des Hébreux.

332. Le *Cycle des Hébreux* était une révolution de cinquante années, à la fin desquelles ils célébraient le Jubilé. Alors on rendait la liberté aux esclaves, qui rentraient dans tous les droits d'hommes libres, et on remettait les dettes, principalement celles des pauvres.

Du Siècle.

333. Un *Siècle* est la réunion de cent années; c'est la plus longue période employée jusqu'ici dans la mesure du temps, parce que l'intervalle qui nous sépare des plus anciens événemens connus, n'en a pas encore exigé de plus grande.

Il est bon d'observer que quand on parle d'un Siècle, on entend celui qui court. Par exemple, le 18.e Siècle est celui qui a commencé en 1701, et a fini au premier jour de 1801; il comprend donc les 100 années écoulées depuis la fin de 1700 jusqu'à 1800 inclusivement.

De la Période Victorienne.

334. La *Période Victorienne*, dont on attribue la découverte à un nommé Victorius, est une révolution de 532 ans: elle provient du Cycle Solaire multiplié par le Cycle Lunaire; c'est-à-dire, de la multiplication des nombres 28 et 19, qui donne 532.

On suppose que cette période a commencé 457 ans avant la naissance de Jésus-Christ.

335. Pour trouver l'année de la Période Victorienne qui répond à une quelconque de l'ère vulgaire, on ajoute 457 à l'année proposée, puis on divise la somme par 532. Le quotient marque le nombre des Périodes révolues; le reste, s'il y en a un, indique l'année de la Période correspondante à celle dont il s'agit; s'il n'y en a point, c'est la 532.e de la Période qui y répond.

Exemple. Pour l'an 1834, on divise 1834 + 457, ou 2290, par 532; le quotient 4 représente les Périodes écoulées, et le reste 162 apprend que l'année 1834 répond à la 162.e de la Période Victorienne actuelle.

De la Période Julienne.

336. On nomme *Période Julienne* une révolution de 7980 ans. Elle résulte du produit des Cycles Solaire, Lunaire et de l'Indiction, multipliés entre eux. Après cette Période les mêmes Cycles reviennent ensemble dans le même ordre pour chaque année; mais pendant toute sa durée, il ne peut y avoir deux années qui aient les mêmes Cycles; chacune a les siens propres qui la caractérisent, ensorte qu'aucune autre qu'elle ne les réunit.

Elle fut inventée, dans le 16.e siècle, par Jules Scaliger, qui la nomma le *flambeau de la Chronologie*. On s'en sert pour concilier les différentes opinions des chronologistes.

Cette Période est censée avoir commencée 713 ans avant la Création, et 4713 (*) avant l'ère chrétienne. Sa 1.re année a eu 1 de Cycle solaire, 1 de Cycle lunaire, et 1 de Cycle d'Indiction; c'est la seule à laquelle ces nombres conviennent.

337. Pour déterminer la Période Julienne d'une année de l'ère vulgaire, il faut y ajouter 4713 : si la somme ne supasse pas 7980, elle sera la Période Julienne de l'année proposée; si elle est plus grande que 7980, on la divisera par ce nombre; le quotient exprimera les Périodes passées depuis 713 ans avant la Création, et le reste sera la Période cherchée.

Exemple. Voulant connaître la Période Julienne de l'an du Seigneur 1787, on ajoute 4713 à 1787, et on trouve 6500 : l'année 1817 était donc la 6500.e de la 1.re Période Julienne.

338. Si l'année proposée précède la naissance de Jésus-Christ, on l'augmente de 713, et le résultat donne la Période Julienne correspondante.

(*) En ne comptant que 4000 ans, au lieu de 4004 ans, depuis la Création jusqu'à la naissance de Jésus-Christ.

EXEMPLE. Qu'il s'agisse de l'an 500 avant J. C. On ajoute 713 à 500, et on obtient 1213 pour la Période cherchée.

339. Réciproquement, lorsque l'on connaît l'année de la Période Julienne, dans laquelle un événement a dû arriver, on peut aisément le rapporter à l'ère chrétienne : il suffit de prendre la différence entre la date et 4714 (*) ; l'événement sera antérieur ou postérieur à l'ère chrétienne, suivant que le nombre auquel il répond, dans la Periode Julienne, sera moindre ou plus grand que 4714.

On sait, par exemple, que la mort de César arriva l'an 4670 de la Période Julienne : prenant la différence entre 4670 et 4714, on trouve 44 ; César est donc mort 44 ans avant l'époque à laquelle on rapporte l'origine de l'ère chrétienne.

340. Depuis la première année de la Période Julienne jusqu'au commencement de l'ère chrétienne, il s'est écoulé 4713 ans complets : or, on n'a pas de monumens historiques certains qui remontent à plus de 4000 ou 4004 ans avant cette ère ; par conséquent la Période Julienne, qui s'étend au-delà de ce terme, peut comprendre tous les événemens qui se sont transmis à la mémoire des hommes.

Des Ères.

341. On entend par *Ère* le temps précis où des peuples ont commencé à compter leurs années.

Parmi les Ères principales, on distingue celle des Grecs, qui commence à la 1.re Olympiade, 776 ans avant la naissance de Jésus-Christ ; celle des Romains, qui date de la fondation de Rome, 733 ans avant Jésus-Christ, suivant Varron, et 752 ans, selon les fastes consulaires ; celle de Nabonassar, qui précède l'ère vulgaire de 747 ; celle des Séleucides, employée par les Macédoniens, 312 ans avant Jésus-Christ ; celle d'Espagne, qui commence 38 ans avant l'ère chrétienne ; celle de Denis-le-Petit, connue sous le nom d'*Ère vulgaire*, dont il a fixé l'origine à la venue du Messie ; celle des Mahométans, appelée *Hégire*, qui date du jour où Mahomet s'enfuit de la Mecque, en 622 de l'ère vulgaire ; enfin celle des Perses, qui court depuis l'an 632 de J. C.

342. Si l'on veut savoir à quelle année du Monde répond une année quelconque de Rome, il suffit d'augmenter celle-ci du nombre 3248, qui désigne l'époque de la fondation de cette ville d'après les fastes consulaires.

(*) On se sert du nombre 4714, parce que la première année de l'ère chrétienne correspond à la 4714.e de la Période Julienne.

EXEMPLE. L'apothéose de Romulus arriva l'an 37 de Rome : à quelle année du Monde correspond cet événement?

En ajoutant 37 et 3248, on a 3285 pour l'année demandée.

343. Pour trouver à quelle année de l'ère vulgaire répond une année de l'Hégire, il faut, après avoir ajouté à celle-ci autant d'unités que 33 peut y être compris de fois, l'augmenter encore du nombre 622, qui désigne la première année de l'Hégire ; la somme sera l'année cherchée.

On augmente l'année de l'Hégire donnée d'autant d'unités qu'elle renferme le nombre 33, parce que l'année Lunaire, dont se servent les Mahométans (343), étant plus courte de 11 jours que l'année Solaire, il en résulte que sur 33 années mahométanes, il manque 33 fois 11 jours, ou 363 jours, qui composent presque une année Solaire ; de sorte qu'en ajoutant tous les 33 ans une année intercalaire, on parvient à rapporter les années de l'Hégire à celles de notre Ère.

EXEMPLE. Désirant connaître l'année de l'ère vulgaire correspondante à l'an 923 de l'Hégire, qui est celui où l'Empereur Sélim I.er fit la conquête de l'Égypte : on cherchera d'abord, par la division, combien de fois 33 est contenu dans 923, on trouvera 27 ; on ajoutera ensuite 27 à 923, d'où résultera le nombre 950, qui étant encore augmenté de 622, donnera enfin 1572 pour l'année demandée.

Des Époques.

344. On appelle *Époque* un temps certain marqué par quelque grand événement, auquel on rapporte tous les autres.

Pour faire une Époque, il faut, autant qu'il est possible, que l'événement intéresse plusieurs peuples.

La plus célèbre est celle de la naissance de Jésus-Christ.

345. On distingue trois sortes d'Époques : celles tirées de l'Écriture Sainte, comme le Déluge, se nomment *Époques sacrées ;* celles relatives à l'histoire ecclésiastique, comme la paix donnée à l'Église par Constantin, sont appelées *Époques Ecclésiastiques ;* enfin, celles de l'histoire des Empires, telle que la prise de Troie, ont reçu le nom d'*Époques Civiles*.

346. Les historiens rapportent ordinairement au commencement de l'histoire des différentes nations l'origine, la durée et l'événement remarquable de chacune de leurs Époques.

De l'Anachronisme.

347. L'*Anachronisme* est une erreur faite contre la vraie manière de placer un événement dans le temps même où il est arrivé.

Nous sommes entrés dans tous ces détails, parce qu'ils sont très-utiles à l'étude de l'Histoire et à celle de la Chronologie.

Moyen de calculer l'époque de la fête de Pâques.

M. Gauss a donné une formule simple pour trouver l'époque de la fête de Pâques, dont la connaissance détermine la date de toutes les autres fêtes mobiles, comme le démontre ce qui suit.

La Septuagésime est 63 jours avant Pâques.

La Quinquagésime, ou le dimanche gras, 49 jours avant Pâques.

Les Cendres se trouvent le mercredi qui suit ce dimanche.

La Passion est 14 jours, et les Rameaux 7 jours avant Pâques.

La Quasimodo 7 jours après.

L'Ascension est le jeudi, 40.e jour, et la Pentecôte le 50.e jour après Pâques.

La Trinité est le 8.e dimanche après Pâques, et le jeudi suivant se trouve la Fête-Dieu.

Formule. Pour obtenir Pâques, divisez le nombre qui marque l'année proposée par 19, et appelez r le reste de la division;

Divisez le nombre de l'année par 4, et nommez r' le reste de cetet nouvelle division;

Divisez le même nombre donné par 7, et nommez r'' le reste de la 3.e division;

Divisez $(19r + 23)$ par 30, et soit r''' le reste de cette 4.e division;

Divisez $(2r' + 4r'' + 6r''' + 4)$ par 7, et soit r'''' le 5.e reste;

Le jour de Pâques sera le $(22 + r''' + r'''')$ de *Mars*; ou si cette quantité dépasse 31, ce sera le $(r''' + r'''' - 9)$ *Avril.*

Cette formule peut servir jusqu'à l'année 1899.

LEÇON XXI.e

DÉTERMINATION DES LONGITUDES. MOYENS DE CONNAÎTRE LES ÉTOILES.

Importance de la recherche des Longitudes géographiques. — Méthodes mises en usage pour les trouver. — Combien on compte d'étoiles à la vue simple et au télescope. — Manière de reconnaître les principales constellations. — Comment on peut distinguer les cinq plus anciennes planètes des Étoiles de la première grandeur.

Méthodes pour déterminer les Longitudes.

348. La détermination de la longitude est un des objets les plus nécessaires et les plus importans de l'Astronomie, de la Géographie et de la Marine; mais elle présente beaucoup plus de difficultés que celle de la latitude.

On en sentira aisément la différence en réfléchissant que, pour mesurer la latitude, on n'observe que l'équateur ou le pôle, objets absolument distincts, et aisés à trouver par les observateurs; au lieu que la longitude déterminant la distance où l'on est d'un méridien convenu, rien n'indique au ciel la position de ce méridien. Il n'y avait donc d'autre moyen que celui de savoir quelle heure différente donne le Soleil, dans un seul et même instant, afin de s'assurer par la différence des heures de celle des degrés. On part de ce principe, que le Soleil, paraissant parcourir en 24 heures les 360 degrés qui divisent la surface du Globe dans le sens de l'est à l'ouest, il lui faut 1 heure pour parcourir 15 degrés.

349. Imaginons à Brest une montre bien réglée sur le mouvement moyen du Soleil, laquelle par conséquent marque le temps moyen; il est clair que le mouvement du Soleil étant bien connu par les excellentes tables que l'on a construites, si l'on observe une heure que marque la montre lorsque le Soleil passe au méridien un jour déterminé, on sera en état d'en conclure l'heure qu'elle marquera à midi pour tous les jours de l'année.

Supposons qu'on embarque sur un vaisseau cette montre, et qu'elle ne se dérange pas durant la route; lorsqu'elle sera arrivée dans un lieu quelconque, par exemple à Cadix, elle marquera toujours la même heure que si elle fût restée à Brest. Supposons ensuite que l'on observe à Cadix l'heure qu'y marquera la montre lorsque le Soleil passe au méridien, et que la montre marque midi sept minutes deux secondes; comme il est midi à Cadix lorsque l'on fait cette observation, il est évident que cette ville a son midi, sept minutes deux secondes plus tard que Brest. Ce qui fait conclure que Cadix est à l'ouest du méridien de Brest; et comme le Soleil parcourt 360 degrés en 24 heures, ou 15° dans 1 heure, il doit parcourir 1° 45′ 30″ en 7′ 2″. Il en résulte encore que Cadix a une longitude plus occidentale que Brest de 1° 45′ 30″.

C'est ainsi que l'on se conduirait pour tout autre point pris sur la surface du Globe, soit à l'occident, soit à l'orient du méridien de Paris.

350. On voit par là que si l'on avait une excellente montre, qui ne se dérangeât pas sur un vaisseau, malgré les différens mouvemens de tangage et de roulis, cette horloge, une fois bien réglée dans le lieu du départ, servirait pendant tout le voyage à reconnaître, pour chaque instant, la longitude du lieu où se trouve le vaisseau. Comme on peut avoir la latitude par différentes méthodes, on aurait alors, très-exactement, sa position précise sur la vaste étendue des mers, et sa distance aux différens lieux connus de la Terre.

Par ce qui précède on doit sentir toute l'importance de l'invention de semblables montres pour le service de la Marine, et ne pas être surpris des encouragemens que les gouvernemens ont donnés aux artistes pour cet objet. Harrison, en Angleterre, Julien Le Roy fils, Ferdinand Berthaud, Breguet, en France, s'en sont occupés avec le plus grand succès. Les montres marines qu'a construites ce dernier artiste, même celles qui n'excèdent pas le volume des montres ordinaires, ont un degré de perfection que l'on aurait à peine osé attendre, et qui semble être le dernier terme de la perfectibilité.

351. Voici comment les astronomes peuvent suppléer aux montres marines. Supposons, par exemple, qu'à Brest et à Cadix on observe un phénomène qui puisse être aperçu à la fois de ces deux villes, tel qu'une éclipse de Lune ou celle d'un satellite de Jupiter. La longitude de ces deux villes étant différente, on n'y comptera pas la même heure, lorsqu'on observera le commencement de l'éclipse. Ainsi, Cadix étant à l'ouest de Brest, si ce phénomène arrive à Brest à $11^h\ 8'\ 2''$ du soir, à Cadix on l'observera à $11^h\ 1'$.

Delà, on conclut qu'il est midi à Brest $7'\ 2''$ plus tôt qu'à Cadix; ce qui donne $1^\circ\ 45'\ 30''$ pour la différence en longitude de Cadix et de Brest.

Manière de connaître les principales Étoiles.

352. Dès que l'on contemple le Ciel pendant une soirée sans nuages, on éprouve le désir de connaître les noms des groupes d'étoiles qui l'embellissent en rendant la nuit moins sombre. C'est ici le lieu d'expliquer la manière de déterminer celles des constellations boréales qui peuvent nous intéresser.

353. D'abord, on distingue tout au plus cinq à six mille étoiles à la vue simple, de manière à pouvoir les compter; avec nos plus forts télescopes, on en découvre jusqu'à cent millions.

On a divisé les étoiles des deux hémisphères en 100 constellations; mais notre but n'est que d'expliquer celles qu'on aperçoit dans nos régions, laissant au lecteur plus curieux le soin de recourir aux traités d'Astronomie pour connaître les autres.

354. La *grande Ourse* (fig. 13), connue vulgairement sous le nom de *chariot*, est une constellation composée de sept étoiles dont quatre sont disposées à peu près en *quarré*, tandis que les trois autres forment, par leur alignement, une sorte de *queue* ou de *timon*. Elle se voit toujours du côté du nord, mais tantôt plus haut, tantôt plus bas, suivant les temps de l'année où l'on observe. Au mois d'Avril, vers les neuf heures du soir, nous la voyons sur notre tête, ou à notre zénith: au mois d'Octobre, elle est au contraire fort bas, ou près de l'horizon; cela suffit pour indiquer

qu'elle tourne. On veut ensuite savoir autour de quel point elle tourne; c'est celui qui se trouve dans le milieu de son cours ou de son cercle, vers la moitié de la hauteur qu'il y a depuis l'horizon jusqu'au zénith. C'est au moyen de cette circulation ou révolution que nous voyons la grande Ourse s'élever et s'abaisser ensuite. Si l'on regarde plusieurs fois dans une nuit, on la verra monter et descendre sensiblement, comme l'on voit le Soleil monter le matin et descendre le soir; par là on peut reconnaître que les étoiles, aussi bien que le Soleil, tournent ou paraissent tourner autour de nous chaque jour.

355. Le point du Ciel autour duquel se fait ce mouvement est pour ainsi dire marqué par l'*Étoile polaire*. On peut s'en apercevoir en cherchant du côté du nord quelle est l'étoile qui ne change pas sensiblement de place dans l'espace d'une nuit; or, voici la marche qu'on suit pour la trouver: par les deux étoiles α et β du quarré, les plus éloignées de la queue, on conçoit une ligne droite, ou plutôt un grand cercle de la sphère céleste, et en suivant cette direction, on verra très-près l'*Étoile polaire*, désignée par *P*, à droite en été, à gauche en hiver, en haut en automne et en bas au printemps.

Cette étoile termine un autre groupe, composé de sept étoiles, comme la grande Ourse, et absolument semblable, si ce n'est qu'il est placé dans une situation contraire. On le nomme la *petite Ourse*, et l'étoile polaire est la plus brillante de celles qui le composent.

Quand on a reconnu l'étoile polaire, qui est comme le centre du mouvement général (*), et l'essieu ou le moyeu de la grande roue céleste, on peut concevoir la manière dont les différentes étoiles tournent autour de celle-là: les étoiles qui en sont très-près décrivent de petits cercles; celles qui sont plus éloignées en décrivent de plus grands; et lorsque ces cercles deviennent assez grands pour atteindre l'horizon, les étoiles se couchent; jusque-là elles sont visibles toute la nuit.

356. La plus belle des constellations qui paraissent le soir en hiver est *Orion* (fig. 14.); on y remarque trois étoiles de la 2.e grandeur et en ligne droite, assez voisines l'une de l'autre, qu'on nomme quelquefois les *trois Rois*, ou le *Rateau*, mais que les astronomes appellent le *Baudrier d'Orion*. Elles sont dans le milieu d'un grand quadrilatère formé de quatre étoiles, dont deux sont de la première grandeur, le *pied d'Orion* qui est à droite et l'*épaule* qui est à notre gauche.

(*) On prend ici l'étoile polaire pour le pôle même, parce qu'elle n'en est éloignée que de 2 degrés, ce qui n'est pas sensible à la vue simple.

357. Lorsqu'au mois de janvier ou de février, on voit cette constellation d'Orion le soir, du côté du midi, la direction des trois étoiles du Baudrier marque d'un côté *Sirius*, ou le *grand chien*, la plus belle étoile du Ciel; et à droite, mais plus haut, les *Pléïades*, qui font un groupe de petites étoiles près desquelles est l'*œil* du Taureau ou *Aldebaran*, étoile de la première grandeur.

358. Une diagonale tirée par le *pied d'Orion*, qui est le plus à droite, et par celle des trois étoiles du Baudrier, qui est le plus à gauche, va se diriger vers deux étoiles de la seconde grandeur, qui sont les deux têtes des Gémeaux *Castor* et *Pollux*.

359. Les deux étoiles les plus boréales du carré de la *grande Ourse* forment une ligne qui va vers la *Chèvre*, étoile de la première grandeur située dans la constellation du Cocher.

360. *Procyon* ou le *petit Chien*, fait un triangle, presque équilatéral, avec Sirius et le Baudrier d'Orion.

361. Les constellations d'été peuvent se connaître par le moyen de la grande Ourse. La ligne tirée par les deux étoiles précédentes du carré α et β qui nous ont servi à reconnaître l'étoile polaire, va se diriger vers le Lion, où il y a une étoile de la première grandeur, appelée *Régulus* ou le *cœur* du Lion.

362. La grande Ourse indique par sa queue la belle étoile du Bouvier, ou *Arcturus*.

363. A gauche du Lion, on voit l'*épi* de la Vierge, qui est indiqué aussi par la diagonale du carré de la grande Ourse.

364. La *Lyre* est une étoile de la première grandeur, l'une des plus brillantes de tout le Ciel, qui fait presque un triangle rectangle avec Arcturus et l'étoile polaire, l'angle droit étant vers l'orient à la Lyre.

365. L'*Aigle*, qui est un peu au midi de la Lyre, est remarquable par trois étoiles en ligne droite, la belle au milieu.

366. La constellation de *Pégase* est formée par quatre étoiles de seconde grandeur, désignées par la ligne menée des deux précédentes de la grande Ourse α et β par l'étoile polaire, et qui au-delà passe sur le milieu du carré de Pégase.

367. *Cassiopée* est aussi une constellation opposée à la grande Ourse, et qui ne se couche jamais: elle est formée de six à sept étoiles assez remarquables qui forment une espèce d'*Y*, ou de chaise renversée.

368. Entre Cassiopée et la Chèvre, il y a la constellation de *Persée*, dans laquelle se trouve une étoile singulière appelée *Algol*, qui tous les trois jours diminue sensiblement de lumière; probablement il y a une partie de son globe moins lumineux que le reste.

369. Le *Cygne* est une constellation fort remarquable, en forme de croix, où il y a une étoile de seconde grandeur ; la ligne menée des Gémeaux à l'étoile polaire va rencontrer le Cygne de l'autre côté, et à pareille distance de l'étoile polaire. Il y a des jours de l'année où on les voit en même temps sur l'horizon. La *queue* du Cygne, la plus belle étoile de cette constellation, est un peu à l'orient de la Lyre.

370. En suivant la ligne qui va du cœur du Lion sur l'épi de la Vierge, on rencontre au-delà le *Scorpion :* c'est à peu près la direction de l'écliptique ; il y a une étoile de la première grandeur, appelée *Antarès* ou le *cœur* du Scorpion.

371. *Fomalhaut*, ou la *bouche* du Poisson austral, est encore une étoile de la première grandeur, mais qui est toujours fort basse à Paris, où elle ne s'élève que de dix degrés ; elle passe au méridien à huit heures au commencement de novembre.

372. Le *cœur* de l'Hydre est une étoile de seconde grandeur, que l'on rencontre en tirant une ligne depuis les dernières étoiles du carré de la grande Ourse γ et δ par le cœur du Lion. La constellation de *l'Hydre* s'étend depuis le petit Chien jusque au-dessous de l'épi de la Vierge.

373. La *Couronne* est une petite contellation que l'on voit surtout en été, au bout de la queue de la grande Ourse, en allant vers le Scorpion ; le reste de cet espace est rempli par la constellation du *Serpentaire* ou *Ophiucus*, dont les étoiles sont peu remarquables.

374. On a vu qu'il y avait quinze étoiles de la première grandeur ; mais il y a cinq planètes que l'on peut prendre pour des étoiles, et qu'il faut savoir distinguer : Mercure, Vénus, Mars, Jupiter et Saturne.

Elles sont aussi belles, et même plus que les étoiles de la première grandeur ; mais elles n'ont pas cette scintillation, cette vivacité, cette vibration de lumière qu'on remarque dans les étoiles. Vénus est surtout d'un éclat extraordinaire, quand elle paraît le soir après le coucher du Soleil, comme cela arrive tous les dix-neuf mois ; elle fait un spectacle frappant, on la prend pour un nouvel astre, ou pour une comète : quelquefois même on la distingue en plein jour, et l'étonnement redouble encore. Cela est arrivé au mois de février 1790, et au mois d'avril 1793 ; on la verrait souvent, si l'on y donnait quelque attention, et qu'on sût de quel côté elle est.

Jupiter est aussi très-brillant, sa lumière est plus blanche ; celle de Mars est rougeâtre ; Saturne est d'une couleur plombée ; c'est la moins éclatante des planètes, à cause de son grand éloignement.

Jusqu'à l'année 1781, on ne connaissait que ces cinq planètes. M. Herschel, Allemand, établi en Angleterre, s'étant amusé à faire des télescopes, et les essayant dans le ciel, aperçut par hasard que dans un grand nombre de petites étoiles des Gémeaux, il y en avait une qui ne ressemblait pas tout-à-fait aux autres, et qui changeait de place: elle s'est trouvée être en effet une planète jusque alors inconnue, qui fait son tour en quatre-vingt-trois ans; mais on la distingue très-difficilement à la vue simple.

On en a trouvé ensuite trois autres, qu'on a beaucoup de peine à apercevoir même avec des lunettes.

375. On observe aussi des étoiles qui diminuent périodiquement de lumière; il y en a dans la Baleine, une dans le Cygne, une dans Persée; c'est cette dernière que plus haut on a appelée *Algol*.

Il est vraisemblable que ces étoiles ne sont pas lumineuses dans toute leur circonférence, et qu'elles ont un mouvement sur leur axe, par lequel nous voyons tantôt la partie lumineuse, tantôt la partie obscure.

LEÇON XXII.e

DE LA MÉRIDIENNE. DU GLOBE CÉLESTE ET DE SES USAGES.

Ce qu'on entend par Méridienne. — Comment on détermine sa trace pour un lieu de la Terre. — Description du Globe céleste artificiel. — Manière de s'en servir dans la résolution de quelques problèmes d'Astronomie. — On peut l'employer aussi utilement pour distinguer les principales constellations des deux hémisphères.

De la Méridienne.

376. On nomme *Méridienne* la trace du méridien céleste sur un plan honrizontal.

Tracer une Méridienne.

377. Pour déterminer la méridienne d'un point quelconque de la surface de la Terre, il faut commencer par s'assurer si le plan sur lequel on veut tracer cette ligne, est véritablement horizontal. Pour cet effet, à défaut de tout autre niveau, on peut verser de l'eau sur ce plan, et le redresser, jusqu'à ce que l'on voie que

l'eau n'incline d'aucun côté; après quoi on cherchera la ligne méridienne.

Cette ligne a pour objet de marquer l'instant précis où le centre du Soleil passe à notre méridien. Or comme le Soleil, dès qu'il paraît sur l'horizon, s'élève par degrés jusqu'à ce qu'il soit parvenu, à midi, au plus haut point du ciel, et qu'ensuite il redescend avec la même vitesse, et, à peu près dans le même temps qu'il a employé à s'élever jusqu'au méridien, il s'ensuit qu'on peut employer deux manières pour parvenir à tracer une méridienne.

1.° La première consiste à examiner le moment où le Soleil cesse de monter et où les ombres sont les plus courtes; alors l'ombre d'un style, placé verticalement, ou celle d'un fil-à-plomb, indiquera le méridien, et sera ce que nous appelons la *méridienne du lieu.*

Le difficile, dans l'usage de cette méthode, est de saisir le moment précis de la plus grande hauteur du Soleil. Aux environs de midi, le progrès est si lent, si insensible, qu'il faut une très-grande précision pour obtenir une observation exacte: c'est pourquoi il sera bon de recourir à la méthode suivante.

2.° La seconde, plus exacte que la première, consiste à remarquer l'ombre du soleil levant et celle du soleil couchant. Ces deux ombres sont aussi éloignées du méridien l'une que l'autre; ainsi leur milieu doit donner le point du midi. Mais, pour pratiquer cette méthode, il faut avoir un horizon extrêmement découvert; et, de plus, supposer que la déclinaison du Soleil ne change pas, au moins sensiblement, dans l'intervalle de temps qui s'écoule entre la détermination des deux ombres; ce qui n'est vrai qu'aux solstices, et environ huit à dix jours avant et après. Dans d'autres temps, cette déclinaison du Soleil, calculée pour dix heures de temps, peut-être, dans nos climats, depuis 20 jusqu'à 45 minutes, dont il faut tenir compte pour tracer une méridienne avec exactitude; alors on doit consulter les tables qui se trouvent dans tous les livres élémentaires d'Astronomie.

Comme il n'est guère possible de marquer au juste les ombres du soleil levant et du soleil couchant, à cause des inégalités qui se trouvent dans l'horizon visuel; on y remédie en y substituant deux autres points, qui soient aussi élevés l'un que l'autre, l'un avant midi et l'autre après.

Pour cet effet, on décrit d'abord sur le plan donné plusieurs circonférences concentriques. Au centre commun, on fixe un style perpendiculaire qui ait environ un pied de hauteur, et dont l'extrémité supérieure soit une pointe émoussée, afin que son ombre puisse plus facilement être remarquée. Quant aux circonférences décrites, il faut que leurs rayons soient assez grands pour que l'ombre aille juste s'y terminer deux ou trois heures avant et après midi. On marquera le point où l'ombre du matin touche une des circonférences; l'après-midi, on signalera également le point où l'ombre du soir touchera la même circonférence.

Il est évident que dans les instans où on a marqué ces deux points, la hauteur du Soleil a été la même, et, par conséquent, que les deux ombres sont également éloignées du méridien. Divisant donc en deux parties égales l'arc compris entre les deux observations, ou entre les extrémités des deux ombres, on aura le point juste du midi; de sorte qu'en joignant le pied du style avec ce point, on aura la trace du méridien avec le plan horizontal, c'est-à-dire la *méridienne.*

L'extrémité de l'ombre du style est assez difficile à reconnaître avec exactitude; elle est toujours mal terminée. Pour éviter cette indétermination, on peut substituer au sommet du style une plaque inclinée, percée d'un trou circulaire qui laisse passer l'image du Soleil: le centre de cette image, en tombant sur le plan horizontal, y marque plus exactement l'extrémité du rayon solaire. Mais alors les circonférences concentriques doivent avoir pour centre le pied de la verticale qui passe par le centre de l'ouverture, et ce point se détermine par le moyen d'un fil-à-plomb qu'on laisse descendre de ce centre jusqu'au plan horizontal. La direction du style devient alors tout-à-fait indifférente. Quelquefois on perce l'ouverture circulaire dans la voûte d'un édifice élevé: on voit une méridienne de ce genre dans l'église de St.-Sulpice à Paris.

Du Globe céleste artificiel.

378. Une boule, sur la surface de laquelle sont représentées les constellations, l'écliptique céleste, l'équateur, les cercles de déclinaison, traversée par un axe dont les extrémités sont fixées dans un méridien mobile, disposé de manière à s'élever ou s'abaisser sur le plan de l'horizon, s'appelle *Globe céleste.*

On trace aussi sur ce globe les deux Colures qui passent d'un pôle à l'autre: le premier par les équinoxes, le second par les solstices, comme dans la Sphère armillaire.

379. Ici, tous les cercles qui passent par les pôles du monde et coupent perpendiculairement l'équateur, s'appellent *cercles de déclinaison.* Ils servent à mesurer soit les *déclinaisons* ou les distances à l'équateur, soit les *ascensions droites* ou les distances à l'équinoxe comptées sur l'équateur; car tous les astres qui sont sur un même cercle de déclinaison ont la même ascension droite.

Les colures, les méridiens, les cercles horaires, sont aussi des cercles de déclinaison (*).

Usages du Globe céleste.

380. Les problèmes que l'on peut résoudre par le moyen d'un globe céleste ne sont pas de simples amusemens : il faudrait, à la vérité, pour trouver des solutions exactes, avoir un globe très-grand et tourné avec soin ; mais en étudiant pour la première fois les principes de l'Astronomie, il est très-utile de s'exercer sur ce globe, pour en bien comprendre les mouvemens et pouvoir les rapporter sans peine aux corps célestes.

En voici quelques-uns qui serviront à faire connaître la manière d'opérer pour trouver la solution des autres.

381. *Connaissant la latitude d'une ville et le lieu du Soleil à chaque jour de l'année, trouver l'heure du lever et du coucher de cet astre.*

Que Paris soit le lieu donné, dont la latitude est de 49 degrés, et supposons qu'on veuille savoir, pour le 20 avril, l'heure du lever et du coucher du Soleil.

1.° On tournera le méridien, sans le sortir de ses entailles et de son support, de manière que le pôle nord soit élevé de 49°, ou que le 49e degré se trouve dans l'horizon ; 2.° on cherchera le degré de l'écliptique correspondant au jour donné : ces degrés sont ordinairement marqués un à un sur le cercle de l'horizon, vis-à-vis les jours des différens mois, d'après l'entrée du soleil à chaque signe indiqué (**). Pour le cas actuel, c'est le premier degré du Taureau qui répond au 20 Avril ; 3.° on place dans le méridien le degré de l'écliptique où est le Soleil ; on met l'aiguille de la rosette

---

(*) Les dénominations de cercles de déclinaison, de méridiens et de cercles horaires, se prennent souvent l'une pour l'autre ; mais leur sens propre est relatif à trois usages différens : la première se rapporte à l'équateur, la seconde aux longitudes géographiques et terrestres, la troisième à la distance des astres, eu égard au méridien d'un observateur.

(**) Il faut se rappeler que le Soleil entre dans le *Bélier*, le 20 Mars ; dans le *Taureau*, le 20 Avril ; dans les *Gémeaux*, le 21 Mai ; dans le *Cancer*, le 21 Juin ; dans le *Lion*, le 22 Juillet ; dans la *Vierge*, le 23 Août ; dans la *Balance*, le 23 Septembre ; dans le *Scorpion*, le 23 Octobre ; dans le *Sagittaire*, le 22 Novembre ; dans le *Capricorne*, le 21 Décembre ; dans le *Verseau*, le 19 Janvier ; enfin dans les *Poissons*, le 18 Février.

Cela suffit pour montrer comment on marque sur les Globes artificiels la correspondance des jours avec les signes du Zodiaque, et pour trouver le jour de l'année où le Soleil répond à chaque degré des douze signes.

polaire sur *midi*, par la raison que l'on doit toujours compter midi à Paris quand le degré de l'écliptique où se trouve le Soleil, c'est-à-dire le Soleil lui-même, est dans le méridien ; 4.° enfin, on tourne le globe du côté de l'Orient, jusqu'à ce que le degré du jour donné, ou le premier degré du Taureau, soit dans l'horizon ; on voit l'aiguille de la rosette sur 5 heures, ce qui nous apprend que le Soleil se lève alors à 5 heures. En tournant le globe vers l'Occident, jusqu'à ce que le même degré de l'écliptique où est supposé le Soleil, arrive dans l'horizon, on verra l'aiguille de la rosette sur 7 heures ; ce qui fera connaître qu'au jour indiqué le Soleil doit se coucher à 7 heures.

Cette opération fait voir aussi que la durée du jour est de 14 heures ; car l'aiguille parcourt un espace de 14 heures, tandis que le point de l'écliptique sur lequel on a opéré va de la partie orientale à la partie occidentale de l'horizon.

382. *Déterminer les étoiles qui peuvent paraître sur l'horizon d'un lieu quelconque, de Lyon par exemple ; celles qui ne se couchent jamais, et celles qui passent au zénith.*

Élevez le pôle nord d'autant de degrés que Lyon en a de latitude, c'est-à-dire, de 45° 46′, puis faites tourner le Globe celeste : toutes les étoiles qui paraîtront sur l'horizon, paraîtront aussi sur celui de Lyon ; celles qui seront à moins de 45° 46′ du pôle ne se coucheront jamais ; enfin celles qui en seront éloignées de 45° 46′, passeront au zénith de Lyon.

383. *Trouver l'ascension droite et oblique, et la déclinaison d'un astre, par exemple, de Sirius.*

1.° L'ascension droite d'un astre est l'arc compris entre le point de l'équinoxe du printemps et le degré de l'équateur qui se trouve dans le méridien en même temps : on amènera donc Sirius sous le méridien ; le degré de l'équateur qui y répond marquant 99°, ce nombre de degrés est l'ascension droite de Sirius.

2.° L'ascension oblique est l'arc compris entre le même point de l'équinoxe et le degré de l'équateur qui se lève en même temps que l'astre : on placera donc Sirius dans l'horizon, et le degré qui y correspond en même temps, marque 117° pour l'ascension oblique de cette étoile.

3.° La déclinaison d'un astre est sa distance à l'équateur : ainsi, en plaçant Sirius sous le méridien, on lui trouve 16° 30′ de déclinaison méridionale.

384. *Trouver quelle est, à une heure et pour un lieu quelconque, l'ascension droite du méridien ou du milieu du Ciel ; c'est-à-dire quelles sont les étoiles qui passent alors au méridien, par exemple le 24 octobre, à 8 heures du soir.*

Le lieu du Soleil, ce jour là, est le premier point du Scorpion, auquel on trouve 202° d'ascension droite. On compte depuis ce point, sur l'équateur d'occident en orient 8 fois 15° ou 120°; on tombe au 328e degré, que l'on place sous le méridien; toutes les étoiles qui s'y trouvent alors, sont celles qui y doivent passer à 8 heures du soir, puisqu'elles sont, au 24 octobre, de 120° plus orientales que le Soleil.

385. *Trouver à quelle heure Sirius ou toute autre étoile passe au méridien, un jour proposé.*

On cherche, par le problème n.° 383, l'ascension droite du Soleil, puis celle de Sirius ou de toute autre étoile, et on prend la différence qu'on compte d'occident en orient, depuis le Soleil jusqu'à l'astre: cette différence, réduite en heures, me donne celle du passage de l'astre au méridien. Si la différence était de plus de 12 heures, elle indiquerait le passage de l'astre pour le lendemain; et le passage pour le jour proposé aurait eu lieu 4 minutes plus tard, parce que le Soleil gagne tous les jours environ un degré d'ascension droite.

386. *Déterminer l'heure du lever et du coucher d'un astre, pour un jour et un lieu donnés.*

On élève le pôle du Globe suivant la latitude du lieu donné; on cherche ensuite (383) l'ascension oblique du Soleil et celle de l'astre: on en prend la différence (385), qui, réduite en heures, détermine celles qui s'écouleront entre le lever ou le coucher du Soleil, et le lever ou le coucher de l'astre.

387. *On demande quel jour une étoile passe au méridien, à une heure fixée, par exemple, à 10 heures du soir.*

On prend l'ascension droite de l'étoile, puis on cherche quel est le point de l'écliptique qui a 150° de moins d'ascension droite: ce point sera le lieu du Soleil, puisqu'il passera au méridien 10 heures avant l'étoile, c'est-à-dire à midi. Or, il est facile de trouver à quel jour de l'année répond tel point de l'écliptique que l'on voudra: il suffit de chercher, dans le grand cercle horizontal, les deux divisions correspondantes des signes et des mois.

388. *Trouver quelles sont les étoiles qui s'élèvent, celles qui se couchent, celles qui sont dans le méridien, pour un lieu et un jour quelconques, et pour tel temps que l'on voudra, après le coucher ou avant le lever du Soleil.*

Ayant élevé le pôle à la hauteur du point terrestre proposé, on place le lieu du Soleil, pour le jour donné, dans l'horizon oriental, s'il est question du lever; puis on fait tourner le globe vers l'orient d'autant de fois 15° qu'on a fixé d'heures avant le lever du Soleil.

S'il s'agit du coucher, on place le lieu du Soleil dans l'horizon occidental et l'on fait tourner le globe de ce côté, d'autant de fois 15° qu'on a fixé d'heures après le coucher du Soleil.

Dans l'un et l'autre cas, l'horizon et le méridien du globe céleste désignent les étoiles cherchées, et, en général, toute la situation du Ciel; de sorte que si on met alors le globe sur une méridienne, on verra les constellations du Ciel répondre exactement à celles qui sont dessinées sur le globe.

389. *Connaître l'heure qu'il est pendant la nuit, par le moyen des étoiles.*

On observe quelles sont les étoiles qui passent alors au méridien, puis on cherche, par le problème n.° 385, à quelle heure elles ont dû y passer; ou bien on examine une étoile qui s'élève ou se couche alors, et on cherche après, par le problème n.° 386, à quelle heure elle a dû se lever ou se coucher.

390. *Trouver le jour du lever et du coucher héliaque de Sirius pour Lyon.*

Lorsque le Soleil, dans sa course annuelle, après avoir traversé une constellation, en est assez loin pour se lever environ une heure plus tard, la constellation commence à paraître le matin en se levant avant le Soleil; c'est ce qu'on appelle son lever *héliaque*. De même le coucher *héliaque* arrive lorsque le Soleil s'approchant de la constellation, celle-ci cesse d'être aperçue le soir dans l'occident une heure après le coucher du Soleil. Une étoile de la première grandeur peut être vue le matin à son lever, ou le soir à son coucher, quand le Soleil se trouve à 12° au-dessous de l'horizon.

Cela posé, pour résoudre le problème en question, on place Sirius dans l'horizon oriental, et on examine quel est le degré de l'écliprique situé verticalement à 12° sous l'horizon; c'est le seizième du Taureau, où le Soleil se trouvera le 7 mai, jour du coucher héliaque de Sirius.

Les anciens auteurs parlent très-souvent du coucher et du lever héliaque des étoiles.

391. *Trouver, pour un lieu terrestre, quel jour une étoile se lève à une certaine heure.*

Ayant placé le pôle à la hauteur du lieu et l'étoile dans l'horizon oriental, on mettra l'aiguille sur l'heure donnée, vers l'orient si c'est une des heures du matin; ensuite faisant tourner le globe jusqu'à ce que l'aiguille arrive sur le midi, marqué XII au haut de la rosette, on verra quel est le lieu de l'écliptique situé dans le méridien, et on saura quel jour le Soleil est dans ce point de l'écliptique; ce sera le jour où l'étoile devra se lever à l'heure désignée.

Par exemple, si l'on suppose que *Sirius* se lève à 7 heures du soir à Paris, on trouvera le Soleil à 11° du Capricorne; ce qui répond au 1.er de Janvier, jour où Sirius se lève à 7 heures du soir à Paris.

392. *Connaissant le lieu du Soleil pour un jour donné, déterminer l'heure qu'il est quand cet astre se lève.*

Plaçant l'aiguille sur midi lorsque le lieu du Soleil se trouve au méridien, on conduit l'étoile à l'horizon du côté de l'orient, et l'aiguille marque l'heure qu'il est.

En amenant l'étoile à l'horizon, par l'occident, l'aiguille indique alors l'heure où elle se couche.

393. Le globe céleste ne sert pas seulement à résoudre les problèmes de l'Astronomie, on l'emploie aussi avec avantage pour déterminer la place qu'occupent dans le Ciel les différentes constellations.

Il suffit pour cela de mettre l'instrument dans la situation où se trouve le Ciel par rapport à nous, en élevant le pôle d'autant de degrés qu'en renferme la latitude du lieu où nous voulons observer, et de reporter ensuite au Firmament les divers alignemens d'étoiles que nous concevons ou formons sur la surface du globe céleste.

LEÇON XXIII.e

DE L'ASTROLOGIE.

Ce que c'est que l'Astrologie. — Origine des Oracles, des Devins, des Augures et de tous les genres de divination. — Rôle que jouaient dans l'Astrologie le Zodiaque et les sept premières Planètes connues. — De l'Horoscope. — Des Talismans. — Interprétation du fameux ABRACADABRA. — De la Cabale. — Origine de la Philosophie hermétique.

394. L'Astrologie était, naguère encore, trop étroitement liée à l'Astronomie, pour ne pas rapporter à la fin de ces Leçons tout ce qu'il importe d'en savoir, et compléter ainsi les connaissances que nous avons déjà données pour dissiper tous les prestiges de l'imposture, dont les fourbes ou les charlatans savent faire usage envers le peuple toujours d'autant plus crédule qu'il est plus ignorant.

L'auteur des Lettres à Palmire sur l'Astronomie a si bien traité ce sujet, que nous lui devrons presque entièrement la matière de cette leçon.

395. L'*Astrologie* est cet art fantastique, jadis si fort en vogue, suivant les règles duquel on croit pouvoir connaître l'avenir par l'inspection des astres.

396. On la divisait en *Astrologie naturelle* et en *Astrologie judiciaire*.

La première avait pour objet de prédire les effets de la nature, tels que les changemens de temps, les vents, les tempêtes, les orages, les inondations, les tremblemens de terre, etc.; ce n'était, à proprement parler, qu'une branche de la Physique.

L'*Astrologie judiciaire*, ou simplement l'*Astrologie*, consistait dans l'art prétendu d'annoncer, avant qu'ils arrivent, les événemens qui dépendent de la volonté et des actions libres de l'homme; comme si les astres avaient quelque autorité sur lui, et qu'ils pussent le diriger.

Origine de la Divination.

397. Le peuple a dit dans son ignorance, Dieu paraît avoir écrit au ciel l'histoire de la terre; et il s'est présenté des hommes fourbes et adroits qui, profitant de la faiblesse du peuple, quand ils auraient dû lui montrer son erreur, ont prétendu savoir lire cette histoire, et se sont mis à l'expliquer. Telle est l'origine des oracles, des sibylles, des devins, des augures, et de tant d'autres charlatans qui tous les jours débitent leurs drogues aux simples qui veulent bien les croire efficaces. Telle est aussi l'origine de la Chiromancie, de la Géomancie, de l'Ornithomancie, de l'Aéromancie, de la Pyromancie, de l'Hydromancie, et de tous les genres de divination qu'on faisait par les oiseaux, les entrailles, les fèves, les dés, les bâtons, les serpents, etc., etc.; en un mot, de ce fatras d'inepties qui constitue l'*Astrologie judiciaire*.

Mais l'*Astrologie*, il faut l'avouer, touche de bien près à l'Astronomie; et c'est sur une connaissance parfaite de la marche des corps célestes, auxquels ils supposaient des vertus plus ou moins puissantes, que les Astrologues faisaient leurs prédictions. Il faut toutefois en excepter un fait dont l'ignorance n'a pas peu contribué à leur attirer le mépris; car ils n'en tenaient aucun compte dans leurs méthodes; on veut parler de la rétrogradation des points équinoxiaux, qui, ayant changé à la longue l'ordre des signes, reportait au dernier degré des Poissons ce qu'ils annonçaient avoir eu lieu au premier degré ascendant du Bélier.

Vertu attribuée aux Planètes et au Zodiaque.

398. Les sept Planètes connues dès les temps les plus reculés, et le Zodiaque, appelé les douze maisons du Soleil, jouaient alors

le premier rôle; quant aux autres étoiles, on leur reconnaissait bien à la vérité quelque influence, mais elles avaient besoin d'être stimulées par le passage des planètes.

399. Saturne, dont la couleur est pâle et la marche très-lente, passait pour un astre chagrin et malfaisant; Jupiter était la planète la plus heureuse; elle distribuait les sceptres et les grandeurs; Mars inspirait le goût des armes; Vénus, la volupté; Mercure indiquait la prospérité dans le commerce; le Lion donnait du courage; la Vierge, des inclinations vertueuses; la Balance, la justice et la paix; le Scorpion présageait les plus grands malheurs; le Capricorne, une fortune toujours croissante; etc.

De l'Horoscope.

400. Suivant les diverses combinaisons des planètes par rapport aux maisons du Soleil, et leurs différens aspects au moment de la naissance d'une personne ou de quelque entreprise, il en résultait un *thème* ou *horoscope*, que l'événement ne réalisait pas toujours, mais dont les astrologues se justifiaient sans aucune difficulté en alléguant le concours de la Lune, de quelque planète, et des étoiles qui, par leur *opposition* ou leur *conjonction*, émoussaient la bonté de certaines influences et corrigeaient la malignité des autres.

401. Toutes ces belles imaginations devinrent tellement à la mode, que vous ne pouviez plus bouger sans avoir préalablement consulté l'astrologue.

Était-il question de faire bâtir : évitez, vous disait-il, les degrés du Scorpion; car la maison construite sous un tel signe serait fort sujette à se remplir d'insectes malfaisans. Il y a même des pays où nos charlatans regardaient comme très-essentiel pour la durée de l'édifice, que, lorsqu'on commençait à l'élever, quelques personnes prenant en considération l'entreprise, eussent la bonté de se donner la mort.

Si vous aviez envie de vous purger, il fallait d'abord savoir dans quelle partie du ciel se trouvait la Lune; et, sous les constellations du Bélier, du Taureau ou du Capricorne, animaux de la classe de ceux qui ruminent, vous étiez en danger de voir remonter la médecine sur l'estomac.

Des Talismans.

402. Tout se tient dans l'entendement humain, les erreurs comme les vérités; la vertu des astres une fois admise, on s'efforça d'attirer les influences salutaires et d'éloigner les malfaisantes : ainsi naquirent les *talismans*. Un des plus fameux, sans contredit,

était l'*abracadabra*, dont le mot déroulé en triangle terminait la base et se répétait sur l'un des côtés :

A
A B
A B R
A B R A
A B R A C
A B R A C A
A B R A C A D
A B R A C A D A
A B R A C A D A B
A R R A C A D A B R
A B R A C A D A B R A

On est porté à croire que la vertu de ce talisman résidait surtout dans la forme triangulaire, puisque le *triangle* représente la *Trinité*, ce principe fondamental des théogonies anciennes et modernes, et que nous avons retrouvé dans l'Inde sous une date de cinq mille ans. Quoi qu'il en soit, les talismans se frappaient en conséquence de la méthode astrologique, d'après les configurations diverses des sept planètes et des douze maisons du Soleil. Avec un pareil bijou, vous possédiez une telle puissance, qu'il vous eût été facile de pénétrer jusqu'aux enfers, comme nous allons droit en paradis avec nos chapelets et nos reliques.

De la Cabale.

403. L'astrologie est mère de *la cabale*, quoi qu'en disent les partisans de cette prétendue science, qui vous débitent gravement qu'après son péché Adam ayant demandé à Dieu qu'il lui accordât quelque petite consolation dans le malheureux état où il se voyait réduit, l'ange Raziel lui apporta un livre contenant la science céleste, ou *la cabale*; que ce livre donnait la puissance de faire naître des maladies et de les guérir; de renverser des villes, d'exciter des tremblemens de terre, de commander aux anges bons ou mauvais, d'interpréter les songes et les prodiges, et de prédire l'avenir en tout temps.

404. Les *cabalistes* ajoutent, que ce fut par cet art redoutable que Moïse s'éleva au-dessus des magiciens de Pharaon; que les prophètes s'en sont servis heureusement pour découvrir les événemens cachés dans une longue suite de siècles, ou pour opérer des miracles, comme Élie qui fit descendre le feu du ciel, et Daniel qui, au moment d'être dévoré par les lions, leur ferma la gueule.

405. On ne peut prononcer le mot *cabale* sans penser à Jean-Pic, prince de la Mirandole, connu dans l'histoire comme un prodige de science dès l'âge de vingt-quatre ans.

Ce prince avait publié et défendu neuf cents propositions tirées d'auteurs chaldéens, hébreux, grecs et latins, sur la théologie, les mathématiques, la physique, la cabale, etc. Cité au tribunal de l'Inquisition, Jean-Pic demanda à l'un de ses juges, qui qualifiait plusieurs propositions d'*hérétiques*, ce qu'il entendait par le mot cabale. Celui-ci répondit, sans hésiter, que c'etait un hérésiarque fameux qui avait écrit contre la divinité de Jésus-Christ, et que tous ses sectateurs se nommaient à cause de cela *cabalistes*. De la Mirandole ayant accueilli par quelques éclats de rire une érudition aussi vaste, les inquisiteurs convinrent d'une seule voix que, pour posséder un si grand fonds de science à son âge, il fallait absolument avoir fait un pacte avec Belzébut.

De la Philosophie hermétique.

406. C'est encore dans l'astrologie qu'il faut chercher l'origine de la *philosophie hermétique*, plus connue sous le nom de la *pierre philosophale*. Les alchimistes donnent aux sept métaux le nom de sept planètes : chez eux le Soleil répond à l'or ; la Lune, à l'argent ; Saturne, au plomb ; Jupiter, à l'étain ; Mars, au fer ; Vénus, au cuivre ; et Mercure, au vif-argent.

407. Les philosophes hermétiques prétendent qu'il n'est pas une allégorie ancienne dont on ne trouve la véritable clef dans les procédés de la chimie. Jupiter transmué en pluie d'or pour séduire l'intéressante Danaé ; le nuage dont ce maître des dieux s'enveloppe en approchant de la sensible Io ; les prodiges de la lyre d'Orphée ; la pierre de Deucalion ; Midas, à qui Bacchus accorde le don fatal de convertir en or ce qu'il touche ; le phénix, qui renaît de sa cendre ; l'enlèvement des pommes du jardin des Hespérides, après la défaite du terrible dragon ; enfin cette Toison d'or, seul but du voyage des Argonautes, et qui n'était, suivant nos adeptes, qu'un livre écrit sur des peaux, et où l'on enseignait la manière de faire de l'or.

408. Les disciples d'Hermès comptent dans leurs rangs des chimistes célèbres ; car, pour comble de malheur (et l'on ne peut guères douter raisonnablement que ce n'en soit un), l'impossibilité d'arriver au *grand œuvre* n'est réellement pas démontrée. Après que les métaux ont éprouvé l'oxidation et perdu par là leurs propriétés premières, la *résultante* donne un oxide métallique qui n'est que la partie fixe du métal sur lequel on a opéré, combinée à l'oxide de l'air. Ces terres de métaux, comme on les appelait autrefois, présentent entre elles une très-grande analogie, et, lorsqu'on veut les *revivifier*, chaque métal reprend son premier

état. Mais la terre ou l'oxide d'un métal peut-il se changer en parties constituantes d'un autre métal? Obtiendra-t-on, ou même a-t-on déjà obtenu de l'or avec de l'oxide de plomb ou de cuivre?... La science répond, *peut-être;* la raison dit, *jamais*.

409. L'auteur ajoute, je pourrais étendre plus loin le tableau des erreurs ou des abus enfantés par l'Astrologie. Je vous montrerais l'homme, que le présent occupe à peine, tourmenté par un désir insatiable de connaître l'avenir, imaginant, pour accomplir sa folie, d'interroger l'enfer et les démons. Mais la magie demanderait seule un long chapitre; afin de la suivre dans tous ses développemens, il nous faudrait analyser ces siècles de barbarie et d'ignorance, qui préféraient au flambeau radieux de la philosophie la lueur funèbre des *Auto-da-fé*.

Quand on voit les registres de la plus petite cour de justice contenir d'immenses cahiers de procédure contre les sorciers, les magiciens et les enchanteurs, on commence par déplorer la faiblesse humaine. Toutefois, une idée plus douloureuse frappe bientôt le philosophe: la confiscation des biens de tant de malheureux se faisait au profit des seigneurs de juridiction, enrichis partout de leurs dépouilles.... Comment songer, sans frémir, au nombre des bûchers qu'alluma nécessairement la cupidité!

410. Les ténèbres de la superstition sont plus dangereuses que celles des *éclipses*, a dit Plutarque; et il nous fallait deux mille ans pour comprendre cette pensée.

L'auteur termine cet article par une anecdote qui peint d'un seul trait l'état de stupidité dans lequel nous étions encore vers le commencement, pour ainsi dire, du dernier siècle.

Le fait roule sur l'éclipse de Soleil du 21 août 1664, phénomène dont les astrologues tiraient les conséquences les plus funestes. L'un vous prédisait un bouleversement considérable des États et la ruine entière de Rome; suivant un autre, il ne s'agissait de rien moins que d'un déluge semblable à celui de Noé; un troisième annonçait un déluge de feu: c'était à qui renchérirait. On avait si bien épouvanté les gens, que ceux qui, d'après l'ordre exprès des médecins, se contentaient de s'enfermer dans des caves bien closes, bien échauffées et bien parfumées, pour se mettre à l'abri des mauvaises influences, croyaient être en droit de railler les esprits timides et de faire les esprits forts. Le moment décisif approchait, quand tout-à-coup la consternation devint si grande, qu'un curé de la campagne, ne pouvant plus suffire à confesser tous ses paroissiens qui croyaient toucher à la fin du monde, fut contraint de leur dire au prône, *qu'ils ne se pressassent pas tant, et que l'éclipse était remise à la quinzaine*.

(*) *Auto-da-fé*, mot espagnol qui signifie *Acte de foi*. Exécution du jugement que l'Inquisition rend contre les personnes qui lui sont déférées.

LEÇON XXIVe.

USAGES DU GLOBE TERRESTRE.

411. Le Globe terrestre artificiel sert à résoudre un grand nombre de problèmes relatifs à la Géographie, dont nous allons rapporter les plus intéressans; cependant leurs solutions ne pourront pas être regardées comme très-exactes, attendu la petitesse de la boule qui représente la Terre comparativement à la grandeur réelle de celle-ci.

412. *Trouver la latitude d'un lieu situé sur le Globe.*

Faites tourner le Globe sur son axe jusqu'à ce que le lieu proposé se trouve précisément sous le méridien; observez ensuite à quel degré il correspond, et vous aurez sa latitude.

413. *Déterminer la longitude d'un lieu quelconque.*

Placez le lieu sous le méridien du Globe, et comptez combien il y a de degrés marqués sur l'équateur; ce sera la longitude cherchée.

414. *Connaissant la longitude et la latitude d'un lieu, trouver sa position sur le Globe.*

Tournez le Globe jusqu'à ce que le degré qui exprime la longitude donnée soit sous le méridien; cherchez sur ce cercle le degré de latitude, et marquez-y un point; le lieu que l'on demande sera placé directement au-dessous de ce point.

415. *Mesurer la distance d'un lieu à un autre.*

Pour cela, il faut poser légèrement les deux extrémités des branches d'un compas sur les lieux en question, porter ensuite cette ouverture de compas sur l'équateur, et compter combien elle comprend de degrés. Ce nombre réduit en lieues, à raison de 25 par degré, donnera la distance cherchée.

Par exemple, en plaçant une des pointes du compas sur Paris, l'autre sur Vienne, et portant ensuite le compas, sans déranger ses branches, sur l'équateur, on trouve 8 degrés, qui font 200 lieues, pour la distance de Paris à Vienne.

Cette distance, ainsi mesurée en ligne droite ou à *vol-d'oiseau*, n'est pas exacte, considérée sous le rapport itinéraire; car les routes maritimes et celles tracées sur les continents sont très-différentes: les premières dépendent du vent qui est très-variable, et les dernières déterminées par les itinéraires, offrent beaucoup de sinuosités, qui donnent un quart, moitié et quelquefois le double en sus de la distance à vol-d'oiseau.

416. *Déterminer le plus long jour de l'année par un lieu placé entre les cercles polaires.*

Si le lieu proposé est dans la partie septentrionale du Globe, son plus grand jour arrive quand le Soleil paraît entrer au premier degré de l'Écrevisse; s'il est dans la partie méridionale, ce jour a lieu lorsque cet astre répond au premier point du Capricorne.

Cela posé, pour savoir de combien d'heures est ce jour, il faut élever le pôle du Globe selon la latitude du lieu donné, mettre ensuite sous le méridien le premier degré du Cancer, si le lieu est du côté du Nord, ou celui du Capricorne, s'il est au Sud: alors, placez l'aiguille du cercle horaire sur la figure XII, qui est au-dessus, et faites tourner le Globe vers l'orient jusqu'à ce que le premier point du signe touche l'horizon; l'aiguille marquera l'heure du lever du Soleil. Faites-en autant vers l'occident, et l'aiguille indiquera le coucher de cet astre. Ces deux points étant les limites du jour en question, il est évident que l'on connaîtra sa longueur.

Par cette méthode, en prenant Paris pour exemple, on trouvera que ce jour-là le Soleil se lève vers 4 heures et qu'il se couche à 8 heures; pour cette ville, le plus long jour est donc environ de 16 heures.

Il est clair que cette pratique ne peut être employée que pour les lieux où le plus grand jour est moindre que 24 heures, puisque, passé ce terme, le premier point du Cancer ou du Capricorne, reste constamment au-dessus de l'horizon.

417. *Trouver dans quel climat de demi-heures une ville est située.*

Cherchez son plus long jour, au moyen du problème précédent; du nombre d'heures qui l'exprime, retranchez-en 12, et multipliez le reste par 2, le produit indiquera le climat cherché.

Par exemple, pour Paris, où le plus long jour de l'année est de 16 heures (416); on retranchera 12 du nombre 16, et le reste 4, étant multiplié par 2, donnera 8, qui nous apprend que Paris est situé dans le 8.ᵉ climat.

On ôte 12 du nombre d'heures qui représente le plus long jour du lieu proposé, parce qu'on ne commence à compter les climats qu'à partir de l'équateur, où le jour est constamment de 12 heures (231); on double le reste, parce que l'augmentation d'une demi-heure de jour, suffisant pour compter un climat, on en doit évidemment compter deux pour chaque heure.

418. *Déterminer le plus long jour d'un lieu, dont on connaît le climat.*

1.° Pour les climats de demi-heures, prenez la moitié du nombre qui exprime le climat donné; à ce résultat ajoutez 12, et vous aurez pour somme les heures du jour cherché.

Ainsi, sachant que Jérusalem est dans le septième climat, on divise 7 par 2, ce qui donne $3+\frac{1}{2}$ pour quotient; on y ajoute 12, et la somme $15+\frac{1}{2}$ indique qu'à Jérusalem, le plus long jour est de 15 heures et demie.

Il est facile de concevoir la raison de ce procédé.

2.° Si le lieu en question appartient à un climat de mois, alors son plus long jour peut varier depuis 24 heures jusqu'à un mois, ou depuis 1 mois jusqu'à 2, etc., selon sa situation dans le 1.er, ou dans le 2.e climat.

419. *Trouver tous les points du Globe qui ont la même latitude qu'un lieu donné.*

Mettez ce lieu sous le méridien et marquez un point exactement au-dessus; en faisant opérer au Globe une révolution entière sur son axe, tous les endroits qui passeront sous la marque auront la même latitude que le lieu donné.

420. *Trouver les Antipodes d'une ville.*

Placez la ville sous le méridien, et à partir du point qui y répond, comptez sur ce cercle 180 degrés; là, immédiatement au-dessous, seront les antipodes de la ville dont il s'agit.

421. *Trouver, dans quelque temps que ce soit, le lieu du Soleil dans l'écliptique.*

Le mois et le jour étant donnés, cherchez-les sur l'horizon du Globe, et au-dessus du jour vous trouverez le signe et le degré dans lesquels le Soleil est alors. Ce signe et ce degré, marqués sur l'écliptique, sont, ou à peu près, la place que le Soleil y occupe dans le temps donné.

422. *Savoir quelle heure il est dans un lieu quelconque de la Terre, connaissant l'heure du pays où l'on se trouve alors.*

Placez le lieu où vous êtes sous le méridien, après avoir élevé le pôle selon la latitude de ce lieu; mettez ensuite l'aiguille du cercle horaire sur l'heure du jour; puis faites tourner le Globe jusqu'à ce que l'endroit proposé soit sous le méridien: alors l'aiguille marquera l'heure cherchée.

423. *Un lieu de la zone torride étant donné, déterminer les deux jours de l'année où le Soleil passe à son zénith.*

Amenez sous le méridien le lieu proposé, et retenez le degré de latitude qui se trouve directement au-dessus; faites tourner le Globe, et remarquez les deux points de l'écliptique qui passent par ce degré de latitude; cherchez sur l'horizon les jours où le Soleil passe par ces points de l'écliptique: ces jours sont ceux où, à midi, le Soleil est au zénith du lieu donné.

Par exemple, si l'on cherche pour la ville de Goa, on trouvera que le Soleil passe à son zénith le 28 Avril et le 10 Août.

424. *Étant donnés, pour un certain lieu, le mois, le jour et l'heure du jour, trouver les endroits où le Soleil est alors au méridien.*

Après avoir élevé le Globe selon la latitude du lieu en question, et placé ce lieu sous le méridien, mettez l'aiguille horaire sur l'heure du jour, et tournez le Globe jusqu'à ce qu'elle marque midi. Fixez le Globe dans cette position, et observez les endroits qui sont directement au-dessous de la moitié supérieure du méridien: ce sont ceux que vous cherchez.

425. *Trouver, en tout temps, la longueur du jour et de la nuit dans un endroit quelconque.*

Élevez le pôle suivant la latitude du lieu donné; cherchez le lieu du Soleil dans l'écliptique (421); placez-le sous l'horizon oriental; mettez l'aiguille du cercle horaire sur midi, et tournez le Globe jusqu'à ce que le point de l'écliptique touche l'horizon occidental; regardez alors où est la pointe de l'aiguille; comptez les heures comprises entre elle et la figure XII, c'est la longueur du jour; et le complément des 24 heures, donne la durée de la nuit.

426. *Le mois et le jour étant donnés, trouver les endroits de la Terre où le Soleil, arrivé au méridien, passera ce jour-là au zénith.*

Cherchez d'abord le lieu du Soleil dans l'écliptique (421), mettez-le sous le méridien, et faites sur ce cercle une marque exactement au-dessus de la place du Soleil. Tournez ensuite le Globe, et tous les endroits qui auront le Soleil à leur zénith, passeront successivement sous la marque.

427. *Le mois et le jour étant connus, déterminer sur quel point de l'horizon le Soleil se lève et se couche pour un endroit quelconque.*

Élevez le pôle selon la latitude de l'endroit dont il est question; marquez le lieu du Soleil dans l'écliptique, au temps donné; placez-le sous l'horizon oriental, et vous verrez sur quel point de ce cercle le Soleil se lève. En tournant le Globe jusqu'à ce que le lieu du Soleil corresponde à l'horizon occidental, vous trouverez celui où il se couche.

428. *L'heure du jour étant donnée dans un lieu quelconque, trouver en même temps les endroits de la Terre où il est midi, ou minuit, ou une autre heure.*

Il faut placer le lieu choisi sous le méridien, mettre l'aiguille horaire sur l'heure qu'il est dans cet endroit, faire tourner le Globe jusqu'à ce que l'aiguille vienne à la figure XII d'en haut, et observer les lieux qui sont alors sous le demi-cercle supérieur du méridien; ce sont ceux où il est midi à l'heure donnée. Si l'on tourne ensuite le Globe jusqu'à ce que l'aiguille arrive à l'autre figure XII, les endroits situés sous la moitié inférieure du méridien seront ceux où il est minuit à l'heure désignée.

Par le même moyen, on trouvera les lieux dans lesquels il est une heure quelconque, en faisant mouvoir le Globe jusqu'à ce que l'extrémité de l'aiguille marque l'heure qu'on désire, et en observant les endroits qui sont alors sous le méridien.

429. *Trouver le climat de mois d'un lieu situé dans la zone glacial du Nord.*

Élevez le Globe suivant la latitude du lieu que l'on place sous le méridien; comptez sur ce cercle, de part et d'autre de l'équateur, le même nombre de degrés qu'en contient la distance de ce lieu au pôle; faites une marque à chaque endroit où le compte finit; tournez le Globe, et observez quels sont les deux degrés de l'écliptique qui passent exactement sous chacun des points marqués sur le méridien : l'arc de l'écliptique compris entre les deux premiers degrés observés, étant réduit en temps, à raison de 1 j 20′ 58″ ou 1 j 21′ par degré, donnera le nombre des jours que le Soleil reste constamment sur l'horizon du lieu donné, et fera par conséquent connaître son climat; l'arc méridional de l'écliptique indiquera le temps durant lequel ce lieu est privé de la présence du Soleil.

Par exemple, si le lieu proposé est au 69.e degré 30′ de latitude Nord, on trouvera que ce sont le premier degré des Gémeaux et le dernier du Cancer qui passent sous le point marqué sur la partie septentrionale du méridien; l'arc de l'écliptique qu'ils comprennent est donc de 60 degrés, puisque chaque signe en vaut 30; de sorte qu'en multipliant 1 jour 21′ par 60, le produit 60 jours 21 heures, qui résulte de cette multiplication, exprime qu'il y a 2 mois 21 heures de jour continuel dans le lieu dont il s'agit, et conséquemment qu'il se trouve placé au commencement du 3.e climat de mois.

Si l'on voulait résoudre ce problème pour un lieu de la zone glaciale du Midi, on suivrait encore la même marche; mais alors ce serait l'arc méridional de l'écliptique qui marquerait le plus grand jour et le climat du lieu, tandis que l'arc septentrional indiquerait la nuit.

430. *Le jour et l'heure d'un lieu étant connus, trouver l'endroit de la Terre où le Soleil est alors au zénith.*

Après avoir trouvé le lieu du Soleil dans l'écliptique (421), et l'avoir placé sous le méridien, faites une marque au-dessus; cherchez les endroits de la Terre dans le méridien desquels le soleil est pour le moment (428), et mettez-les sous ce cercle ; observez ensuite le point de la Terre qui se trouve directement sous la marque ; c'est le lieu au zénith duquel le Soleil est actuellement.

431. *Trouver sur le Globe tous les endroits qui ont la même heure du jour que celle qu'il est dans un lieu donné.*

Mettez le lieu proposé sous le méridien, et remarquez quels sont les endroits qui se trouvent exactement sous le demi-cercle supérieur de ce méridien ; leurs habitans comptent la même heure que ceux du lieu donné.

432. *La latitude d'un lieu étant donnée, ainsi que le lieu du Soleil dans l'écliptique, trouver le commencement du crépuscule du matin et la fin de celui du soir.*

Après avoir élevé le pôle suivant la latitude du lieu, mettez le degré de l'écliptique où se trouve le Soleil sous le méridien et l'aiguille horaire sur midi ; cela fait, tournez le globe du côté de l'orient, jusqu'à ce que le point donné de l'écliptique arrive à 18 degrés au-dessous de l'horizon ; l'heure indiquée par l'aiguille sera celle où l'aurore commence. Faisant ensuite mouvoir le Globe du côté de l'occident, jusqu'à ce que le lieu du Soleil se trouve encore à 18 degrès au-dessous de l'horizon, l'aiguille alors marquera l'heure à laquelle finit le crépuscule du soir.

LEÇON XXV.e

IDÉE DE LA GNOMONIQUE.

Ce que c'est que la Gnomonique.—Principes sur lesquels repose cet art.—Des différentes sortes de cadrans solaires.—Du cadran équinoxial. Moyen simple de le tracer. —Du cadran horizontal et de sa construction.—Des cadrans verticaux. Leur distinction en cadran méridional, cadran oriental et cadran occidental. Méthode pour les tracer.

Définitions et principes.

433. La Gnomonique est l'art de construire les cadrans solaires ; elle enseigne à les tracer sur toutes sortes de surfaces.

Comme on ne peut entrer ici dans tous les détails de cet art, on se bornera à rapporter ce qu'il est nécessaire d'en connaître pour construire avec facilité et précision les cadrans le plus généralement employés.

434. On a vu (110–348) que, par l'effet du mouvement diurne, le Soleil paraît décrire autour de notre axe, qui est en même temps

celui du Ciel, des arcs de 15° par heure. Or, si l'on conçoit le globe terrestre coupé par 12 plans passant tous par les pôles, et distans entre eux de 15°, le Soleil les atteindra successivement dans des intervalles égaux, et ces *plans horaires* rencontreront l'horizon suivant 12 droites qui prennent le nom de *lignes horaires*. Si maintenant on fait abstraction de ces cercles pour ne conserver que l'axe et le plan qui contient leurs traces, ou les lignes horaires, on aura un *cadran solaire* placé au centre de la Terre; mais à cause de la grande distance du Soleil, et de la petitesse de notre globe, un point quelconque de la surface peut être considéré, dans le cas actuel, comme le centre de la Terre; en sorte que si l'on y transporte, parallèlement à leur première position, et la surface et l'axe, qui prend alors le nom de *style*, le cadran solaire sera tracé pour ce lieu.

Il résulte de là que, *dans tout cadran solaire, le style est situé dans le méridien; il est de plus parallèle à l'axe de la Terre, c'est-à-dire que pour le lieu où le cadran est construit, ce style est incliné sur l'horizon, comme l'est l'axe terrestre, d'un nombre de degrés égal à l'élévation du pôle.*

435. Il faut donc, avant de procéder à la construction d'un cadran, 1.° tracer une méridienne; 2.° chercher l'élévation du pôle, ou la latitude du lieu (224). Or, la première s'obtient par l'une des méthodes indiquées n.° 377, et l'autre se trouve dans tous les dictionnaires géographiques.

436. Cela posé, passons au tracé des cadrans, qu'on a distingués, en trois espèces qui portent respectivement les noms de *cadran équinoxial*, *cadran horizontal*, et *cadran vertical.*

Du Cadran équinoxial.

437. On nomme *cadran équinoxial* tout cadran dans le plan duquel le Soleil se trouve au jour de l'équinoxe.

438. La construction de ce cadran est si simple qu'on la peut concevoir facilement sans figure.

En effet, il suffit de diviser un cercle en 24 parties égales; de placer au centre, et bien perpendiculairement au plan du cadran, un style qui le percera de part en part; puis de marquer du n.° 12 l'extrémité d'un des rayons. Ce rayon représente l'intersection du cadran avec le méridien; le chiffre 12 est tourné entre le style et le Nord. Les points de division du côté de l'Orient, et à partir du n.° 12, prennent successivement les n.os 1, 2, 3, 4, 5, 6, etc.; ce sont les heures du soir: ceux de l'Occident, à partir du même point, sont marqués 11, 10, 9, 8, 7, 6, etc.; ce sont les heures du matin. Il ne s'agit plus que de tracer une méridienne sur un plan parfaitement horizontal, et d'assujétir convenablement le cadran sur ce plan, c'est-à-dire de manière que le style soit parallèle à l'axe terrestre, et que le rayon 12 soit compris dans le plan du méridien: pour cela, on construit séparément un triangle rectangle dont un des deux angles aigus sera égal à la latitude du lieu; ce triangle est ensuite placé bien verticalement, l'hypothénuse sur la méridienne horizontale, et l'ouverture de l'angle de latitude tournée du côté du Nord. On place alors le cadran perpendiculairement au plan de ce triangle, ces deux plans ayant pour intersection commune le rayon 12.

Le cadran équinoxial devra avoir deux faces, l'une au Nord, ou supérieure, pour le temps où le Soleil a une déclinaison boréale; l'autre au Midi, ou inférieure, pour le temps des déclinaisons australes. Le style qui le traverse, sert alors pour l'une et l'autre faces. Si l'on voulait que ce cadran donnât les heures, les jours même des équinoxes, il faudrait munir sa circonférence d'un rebord ou anneau perpendiculaire qui recevrait l'ombre du style. Il est clair que, si l'on voulait avoir les demi-heures, il suffirait de diviser le cercle en quarante-huit parties.

En dessinant ce cadran sur une glace, on s'épargne un des deux tracés.

Du Cadran horizontal.

439. Le *cadran horizontal* tire son nom de la position qu'on lui donne. C'est le plus commun dans l'usage ordinaire, parce qu'on le place sur une fenêtre, sur un pilier, dans un jardin, etc.

440. Après s'être assuré que le plan sur lequel on veut faire le cadran est parfaitement horizontal, on y tracera une méridienne *c*XII (fig. 15).

Par quelque point A de cette méridienne, on fera passer une perpendiculaire AS d'une longueur telle que *c*S, qui représente le style couché sur le cadran, fasse avec A*c* un angle S*c*A égal à la latitude du lieu. Du point S on conduira une perpendiculaire SE à S*c*, qui ira rencontrer la méridienne *c*XII en E.

Par ce point E, on mènera une perpendiculaire indéfinie NEQR à la méridienne. Prenant alors sur la méridienne, et à partir de E, une partie ES′ égale à ES, on décrira, du point S′, comme centre, une demi-circonférence qu'on divisera en douze parties égales. Par le centre S′ et les intersections I, *i‴*, *i″*, *i′*, etc., on conduira les droites S′I, S′ *i‴*, S′ *i″*, etc., qui, prolongées suffisamment, iront rencontrer NR, en R, *r‴*, *r″*, . . . *n*, *n′*, *n″*, ... Par ces points et par *c*, origine du style, on tirera *c*VII, *c*OR, *c*VIII, *c*IX, qui iront se terminer au bord du cadran; ce sont les lignes horaires qu'on cherche. La ligne de six heures VI-VI ne rencontrera point la ligne NR; elle est perpendiculaire à la méridienne au point *c*.

Si l'on voulait avoir les lignes horaires des demi-heures, ce ne sont point les lignes Er, rr', $r'r''$, etc., qu'il faudrait diviser en deux parties égales, mais bien les arcs Ei, ii', $i'\,i''$, etc., qui donneraient sur l'équinoxiale des points d'intersection comme pour les heures.

Il est évident que le triangle cSA, que nous avons tracé dans le plan du cadran, devra être relevé perpendiculairement à ce plan, en faisant décrire au sommet S un quart de circonférence autour de Ac comme charnière; toutes les conditions sont alors remplies.

On pourrait être embarrassé pour trouver le point R situé hors du cadran; si l'espace ne permettait point d'exécuter la construction de la figure 15, on pourrait y suppléer par le calcul suivant, qui exige que le bord du cadran soit bien parallèle à la méridienne cXII. Les points P et Q étant donnés par le tracé, on connaît PQ; on le mesure ainsi que Ec et ES'; en multipliant entre elles les deux premières quantités, et divisant le produit PQ $\times$ Ec par ES', on a la valeur OQ qu'on porte de Q en O; on peut alors conduire cO. Nous ferons remarquer d'ailleurs que la partie orientale du cadran ne diffère en rien de la partie occidentale. On peut donc à la rigueur ne tracer que la partie comprise dans l'angle VI cXII. On prend ensuite En = Er, En' = Er', et ainsi de suite; ou mieux encore, si le cadran est bien rectangulaire, et si la méridienne le partage exactement en deux parties égales, on peut prendre sur les bords les parties XII.I = XII.XI, XII.II = XII.X, ou chacune à chacune X.IX = II.III, IX.VIII = III.IX.

On sait qu'il n'est point nécessaire de tracer ce cadran sur l'emplacement même qu'il doit occuper, rien n'empêche de le construire dans le cabinet sur une planche ou sur une ardoise; il suffit ensuite de l'orienter, c'est-à-dire de faire en sorte que la ligne cXII soit bien exactement placée dans le plan du méridien.

Des Cadrans verticaux.

441. Les *cadrans verticaux* se divisent en *cadran méridionnal*, *cadran oriental* et en *cadran occidental*.

442. Le *cadran méridional* est tourné directement vers le sud. Il ne peut marquer que de 6 heures du matin à 6 heures du soir. La manière de le tracer ne diffère de celle du cadran horizontal (fig. 15), qu'en ce qu'on fait l'angle ScA égal au *complément* de la latitude du lieu. On trouve ce complément en retranchant la latitude donnée de 90°; ainsi pour Paris, par exemple, dont la latitude est de 48° 50', il faudrait faire ScA de 90° moins 48° 50', c'est-à-dire de 41° 10'; de plus, l'intersection du méridien avec

le cadran devant toujours être cXII, il faudra renverser les heures, c'est-à-dire, mettre XI^h à la place de I^h, X^h pour II^h, IX^h pour III^h, et réciproquement. Le point XII marqué nord dans le cadran horizontal, n'est plus au nord dans le cadran vertical; on voit donc qu'un cadran vertical pour un lieu donné, n'est autre chose qu'un cadran horizontal tracé pour une latitude complémentaire.

443. Le *cadran oriental* est celui qu'on trace sur le côté du méridien qui regarde directement l'orient; il ne peut donc marquer que jusqu'à midi exclusivement. Il n'y a point de méridienne à déterminer. On tire (fig. 16) une droite AB parallèle à l'horizon, et une autre AK qui fasse avec la première un angle égal au complément de la latitude. Par un point quelconque D, on conduit une perpendiculaire D6, et à ce même point D, on plante bien perpendiculairement au plan du cadran un faux style de quelques pouces de hauteur, à l'extrémité duquel on fixe le vrai style en l'inclinant parallèlement à D6. Du point D comme centre, on décrit une circonférence qui se trouve ainsi divisée en quatre parties. On subdivise chaque quart en 6 parties, et par les points de division, on tire les droites D 4, D 5, D 7, D 8, etc., qui par leur rencontre avec les parallèles 4-11 qui limitent le cadran, donnent la position des lignes horaires 11-11, 10-10, 9-9.

Il est facile de voir que ce cadran satisfait aux conditions que nous avons énoncées plus haut.

444. Enfin, le *cadran occidental* est celui qu'on exécute sur le côté opposé à l'occident du méridien. La méthode de tracé ne diffère en rien de celle du cadran oriental (fig. 16); seulement le cadran occidental ne marquant que depuis une heure jusqu'au coucher du soleil, ce sont les heures 1, 2, 3, 4, 5, 6, 7, etc., qu'il faudra successivement mettre à la place de 11, 10, 9, 8, 7, 6, etc.

445. Il est bon d'observer que, si de tous les cadrans solaires le cadran horizontal est celui qu'on peut tracer avec le plus de facilité et d'exactitude, le cadran vertical a aussi l'avantage d'avoir des lignes moins sujettes à s'effacer par les pluies, à cause de la position verticale du mur sur lequel on le construit.

Ce qui précède suffit pour se former une idée de l'art dont l'exposé des principes nous a paru utilement placé à la fin de ces Leçons d'Astronomie; ceux des lecteurs qui désireront en connaître l'histoire et apprendre en même temps le tracé des cadrans déclinans, des cadrans sans centre, etc., pourront recourir à l'Uranographie de Francœur, où ils trouveront résolus tous les problèmes les plus intéressans de la Gnomonique.

FIN.

ADDITIONS.

DÉFINITION DE QUELQUES TERMES.

Aberration. Mouvement *apparent* des Étoilee fixes, en vertu duquel elles semblent décrire de petites ellipses autour de leur vrai lieu, il est causé par le mouvement progressif de la lumière, combiné avec le mouvement annuel de la Terre.

Nutation. Mouvement de l'axe de la terre par lequel il s'incline, tantôt plus, tantôt moins sur l'écliptique.

Par l'effet de cette nutation de l'axe terrestre, les Étoiles paraissent se rapprocher et s'éloigner de l'équateur, parce qu'il en est qui répondent à ce cercle. Aussi occasionne-t-elle dans les Étoiles fixes un mouvement *apparent* de 9'', dont la période est de 18 ans, qu'on nomme *nutation* ou *déviation*.

Libration. Changement *apparent* dans la situation des taches de la Lune, phénomène qui n'a rien de réel, n'étant qu'un résultat composé de plusieurs illusions optiques.

Occultations. Disparition passagère d'une Étoile ou d'un Satellite, causé par l'interposition d'une planète.

Perturbations. Changemens dans les mouvemens réguliers des astres.

Almanach. Calendrier qui contient tous les jours de l'année, les fêtes, les lunaisons, les éclipses, les signes dans lesquels le soleil entre, et quelquefois des *prédictions absurdes* sur le beau et le mauvais temps.

Ellipse. Ligne courbe fermée et rentrante sur elle-même, comme serait une circonférence un peu applatie (fig. 17).

Pour la tracer, on noue les extrémités d'un fil qu'on passe ensuite au-dessus de deux points fixes F et F', appelés *foyers* et déterminés par de petites épingles, puis faisant glisser le fil toujours tendu par le moyen d'un style S, autour des points F, F', la courbe se trouve décrite quand le style a fait une révolution entière.

La droite AB menée par les *foyers* et terminée à la courbe, se nomme le *grand axe*; le mileu *c* est le *centre*; la distance *c*F ou *c*F', l'*excentricité*; la droite perpendiculaire *ab*, passant par le centre, s'appelle le *petit axe* de l'ellipse, et la distance d'une de ses extrémités à l'un des foyers, *a*F ou *b*F, qui est égale au demi-grand axe, prend le nom de *distance moyenne*.

Angle. Espace compris entre deux lignes droites qui se coupent. ABC est un angle (fig. 18), dont BA et BC sont les *côtés* et le point B le *sommet*. On le mesure par l'arc *ac* compris entre ses côtés.

L'angle *droit*, ou celui dont les côtés sont perpendiculaires entre eux, comme *abc* (fig. 19), sert d'*unité* pour la mesure des angles; on divise son arc *bnc* en 90 parties égales appelées *degrés*, chaque degré en 60 autres parties égales appelées *minutes*, la minute en 60 *secondes*, et la seconde en 60 *tierces*.

Le *cercle* ou sa *circonférence* (fig. 20), comprenant 4 angles droits, renferme conséquemment 90°×4 ou 360°; c'est pourquoi on conçoit l'un et l'autre divisés en 360 petits arcs égaux ou *degrés*.

La nouvelle division partage la circonférence en 400 degrés, le degré en 100 *minutes*, la minute en 100 *secondes*, etc.

COMÈTES DÉCOUVERTES PAR M. PONS.

Aux 101 comètes du N° 92, il faut en ajouter encore deux autres découvertes par M. Pons, l'une le 26 et l'autre le 28 Décembre 1818.

SUPPLÉMENT AU CATALOGUE DES ÉTOILES.

Constellations boréales des Modernes.

La Girafe.	Le Rhomboïde.	Cerbère.
Le fleuve du Jourdain.	Les Levriers.	Le Rameau.
Le fleuve du Tigre.	Le petit Lion.	Le Lézard.
Le Sceptre.	Le Linx.	Le Mont Ménale.
La Colombe.	Le Renard.	Le cœur de Charles II.
La Licorne.	L'Oie.	Le Chêne de Charles II.
La Croix.	L'écu de Sobieski.	
Le sextant d'Uranie.	Le petit Triangle.	

Constellations australes des Modernes.

L'Indien.	Le Poisson volant.	La Boussole.
La Grue.	Le Caméléon.	La Machine pneumatique.
Le Phénix.	Le grand Nuage.	L'Octant.
L'Abeille ou la Mouche.	Le petit Nuage.	Le Compas.
Le Triangle austral.	L'Atelier du Sculpteur	L'Equerre et la Règle.
L'Oiseau du Paradis.	Le Fourneau chimique.	Le Télescope.
Le Paon.	L'Horloge astronomiq.	Le Microscope.
Le Toucan.	Le Réticule rhomboïde.	La Montagne de la Table.
L'Hydre mâle.	Le Burin du Graveur.	
La Dorade.	Le Chevalet du Peintre.	

DIMENSIONS DES TROIS PRINCIPAUX CORPS CÉLESTES.

Un degré terrestre vaut 25 lieues de 2280 toises chacune; la circonférence de la Terre qui en renferme 360, est donc égale à 360 fois 25 lieues, ou à 9000 lieues; son diamètre, calculé d'après cette longueur, est de 2865 lieues et son rayon en contient 1432 et demie; sa surface est de 25785000 lieues quarrées, et son volume de 12312337500 lieues cubes.

Le diamètre du Soleil est de 323155 lieues, ce qui donne 1015221 lieues pour l'étendue de la circonférence de son équateur. La surface de cet astre contient 328073742257 lieues quarrées.

La Lune a 780 lieues de diamètre; la longueur de son équateur équivaut à 2457 lieues, et sa surface égale 192139 lieues quarrées.

En prenant le volume de la Terre pour unité, ceux du Soleil et de la Lune se trouvent représentés à peu près par les nombres 1434867 et 0,02032; c'est-à-dire, que le Soleil est au moins 1400 mille fois plus gros et la Lune 49 fois plus petite que la Terre.

FIN.

TABLE DES MATIÈRES.

FIN DE LA TABLE.

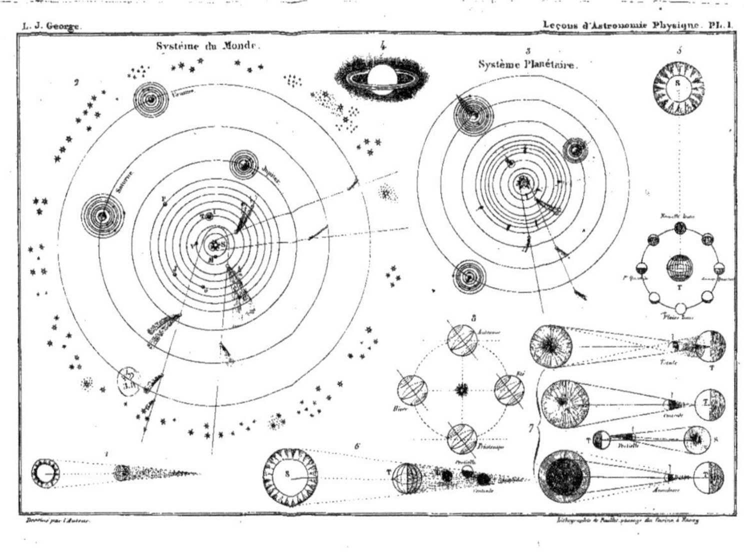

L. J. George.
Leçons d'Astronomie Physique. Pl. I.
Système du Monde.
Système Planétaire.
Dessiné par l'Auteur.

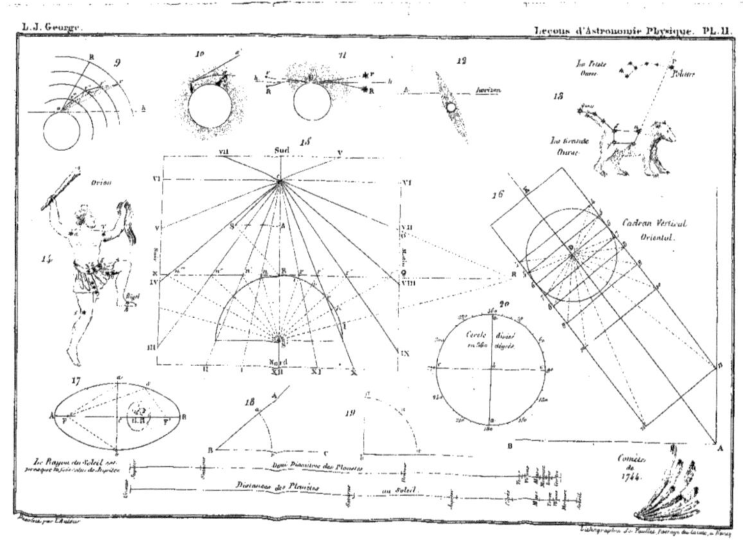
9
10
11
12
horizon
13
La Petite Ourse
Polaire
La Grande Ourse
Orion
14
Rigel
15
Sud
16
Cadran Vertical Oriental.
17
18
19
20
Cercle divisé en 360 degrés
Comète de 1744.
Demi Diamètres des Planètes
Distances des Planètes au Soleil

OUVRAGES DE M. L.-J. GEORGE.

1° *Ouvrages adoptés par le Conseil royal de l'instruction publique pour l'enseignement dans les Colléges de l'Université.*

1° Cours d'arithmétique théorique et pratique, comprenant tout ce qu'il faut savoir de cette science pour l'admission aux Écoles Royales Polytechnique, Forestière, de St-Cyr et de la Marine, pour soutenir les examens du Baccalauréat-ès-lettres et ès-sciences, et obtenir les brevets de capacité élémentaires et supérieurs, à l'usage des Colléges, des Pensions, et des Ecoles normales primaires; 12° *édition*, in-8°, (Pour paraître en mars 1839). Prix .... 3 fr.

2° Élémens d'Algèbre, renfermant tout ce qui est exigé de cette Science pour l'admission aux Ecoles royales de St-Cyr, de la Marine et Forestière, et pour le Baccalauréat ès-lettres; *destinés* aux divers établissemens d'instruction secondaire, aux Écoles normales et aux Écoles supérieures primaires; 5° *édition*, in-8°. Prix .... 3 fr. 75

2° *Sciences Mathématiques.*

1° Arithmétique des écoles primaires en 22 leçons; 5° *édition*, in-8. Prix .... 1 fr.

2° Arithmétique des écoles normales primaires, rédigée sur le programme officiel, arrêté en Conseil royal, le 26 octobre 1838. Un vol. in-8° (Pour paraître fin de mai 1839).

3° Cours de géométrie pratique, à l'usage des Cours industriels, des Écoles Normales et Modèles primaires, des Colléges, etc. 9° *édition*, 1838. Prix .... 3 fr 75 c.

4° Leçons de Dessin linéaire et de Lavis, 5° *édition*, fig. noires, fig. coloriées avec soin. (Sous presse) ....

5° Art de lever les plans; 6° *édition*, in-8° Prix ...... 1 fr 50 c.

6° Recueil de problèmes numérico-algébriques, relatifs aux équations des deux premiers degrés; ouvrages servant d'application aux élémens d'Algèbre; *nouvelle édition*, (Paraîtra en juin 1839). Prix .... 3 fr.

3° *Sciences physiques.*

1° Cours de physique générale, appliquée aux Arts et à l'industrie, 4° *édition*, augmentée 1838), 1 vol. in-8°. Prix .... 3 fr. 50 c.

2° Leçons d'astronomie physique ou cosmographie élémentaire, à l'usage des Colléges, des Pensions et des Écoles primaires; 3° *édition*, in-8° (1838). Prix .... 3 fr. 50 c.

3° Traité de Sphère ... *édition*, avec figures......... 1 fr. 50 c

4° Notions élé... de physique, rédigées suivant le programme adopté par l'Uni... enseignement de cette science dans les écoles normales prim... 38). Prix .... 2 fr.

5° N... mécanique, rédigées suivant le programme ... 1 vol. in-8°. (1838). Prix .... 1 fr. 50

... aussi utiles aux Commissions d'examens, aux Écoles mo-

www.ingramcontent.com/pod-product-compliance
Ingram Content Group UK Ltd.
Pitfield, Milton Keynes, MK11 3LW, UK
UKHW012042240726
13965UKWH00003B/977